科学道德和学风建设读本

全国科学道德和学风建设宣讲教育领导小组　编

中国科学技术出版社

·北　京·

图书在版编目（CIP）数据

科学道德和学风建设读本 / 全国科学道德和学风建设宣讲教育领导小组编 . -- 北京：中国科学技术出版社，2023.12

ISBN 978-7-5236-0356-7

Ⅰ.①科… Ⅱ.①全… Ⅲ.①科学研究事业—道德建设—中国—学习参考资料 ②科学研究事业—学风建设—中国—学习参考资料 Ⅳ.① G322

中国国家版本馆 CIP 数据核字（2023）第 226321 号

责任编辑	高立波　赵　佳　杨　丽
封面设计	北京潜龙
正文设计	中文天地
插图绘制	北京 Ate 插图工作室
责任校对	焦　宁
责任印制	李晓霖

出　　版	中国科学技术出版社
发　　行	中国科学技术出版社有限公司发行部
地　　址	北京市海淀区中关村南大街 16 号
邮　　编	100081
发行电话	010-62173865
传　　真	010-62173081
网　　址	http://www.cspbooks.com.cn

开　　本	889mm×1194mm　1/24
字　　数	205 千字
印　　张	13.25
版　　次	2023 年 12 月第 1 版
印　　次	2023 年 12 月第 1 次印刷
印　　刷	北京荣泰印刷有限公司
书　　号	ISBN 978-7-5236-0356-7 / G·1029
定　　价	68.00 元

（凡购买本社图书，如有缺页、倒页、脱页者，本社发行部负责调换）

党的十八大以来，我国科技事业取得历史突破性成就，离不开科学家们无我的奉献精神和他们对优秀道德品格的弘扬与坚守。以习近平同志为核心的党中央高度重视我国的科学道德和学风建设。

> 科学家要热爱我们伟大的祖国，热爱我们伟大的人民，热爱我们伟大的中华民族，牢固树立创新科技、服务国家、造福人民的思想，继承中华民族"先天下之忧而忧，后天下之乐而乐"的传统美德，传承老一代科学家爱国奉献、淡泊名利的优良品质，把科学论文写在祖国大地上，把科技成果应用在实现国家现代化的伟大事业中，把人生理想融入为实现中华民族伟大复兴的中国梦的奋斗中。
>
> 习近平总书记在中国科学院考察工作时的讲话
> （2013年7月17日）

> 科学家精神是科技工作者在长期科学实践中积累的宝贵精神财富，并重点阐述了爱国精神和创新精神，强调科学无国界，科学家有祖国，科技工作者要把自己的科学追求融入建设社会主义现代化国家的伟大事业中去，树立敢于创造的雄心壮志，努力实现更多从0到1的突破，不断向科学技术广度和深度进军。
>
> 习近平总书记在科学家座谈会上的讲话
> （2020年9月11日）

我们着力实施人才强国战略，营造良好人才创新生态环境，聚天下英才而用之，充分激发广大科技人员积极性、主动性、创造性。我们扩大科技领域开放合作，主动融入全球科技创新网络，积极参与解决人类面临的重大挑战，努力推动科技创新成果惠及更多国家和人民。

生物科学基础研究和应用研究快速发展。科技创新精度显著加强，对生物大分子和基因的研究进入精准调控阶段，从认识生命、改造生命走向合成生命、设计生命，在给人类带来福祉的同时，也带来生命伦理的挑战。

同时对广大院士提出几点要求：做胸怀祖国、服务人民的表率；做追求真理、勇攀高峰的表率；做坚守学术道德、严谨治学的表率；做甘为人梯、奖掖后学的表率。

诚信是科学精神的必然要求。广大院士要做学术道德的楷模，坚守学术道德和科研伦理，践行学术规范，让学术道德和科学精神内化于心、外化于行，涵养风清气正的科研环境，培育严谨求是的科学文化。

习近平总书记在中国科学院第二十次院士大会、中国工程院第十五次院士大会、中国科协第十次全国代表大会上的讲话

（2021年5月）

广大人才要继承和发扬老一辈科学家胸怀祖国、服务人民的优秀品质，心怀"国之大者"，为国分忧、为国解难、为国尽责。

习近平总书记在中央人才工作会议上的讲话

（2021年9月）

导言

　　科学发展史是不断加强科学道德及学风建设的历史。自十六、十七世纪科学建制化以来，完善科研规范，加强科技伦理治理，反对各种形式的科研失信行为，防范科技发展中的社会伦理风险，始终是保障科学事业健康发展的重要使命。

　　进入 21 世纪，科学技术加速发展，科技与社会的联系日益紧密，以数字化、智能化为重要特征的新科技革命深刻改变人们的生产生活方式，推动社会文化、组织结构及经济模式的变革，也带来新的科研范式。习近平总书记在中国科学院第二十次院士大会、中国工程院第十五次院士大会、中国科协第十次全国代表大会上的讲话中指出："科技是发展的利器，也可能成为风险的源头。"颠覆性技术的快速发展带来新发展机遇的同时，也在不断冲击传统社会的伦理底线、价值规范和法律构架。以信息技术、人工智能为代表的新兴科技在使人类进入"人机物"三元融合的万物智能互联时代的同时，也滋生了新形式的科研失信行为，一些研究人员利用新的技术手段伪造或篡改实验结果与数据资料，互联网也成为研究人员抄袭与剽窃的便利工具。对生物大分子和基因的深入研究在使人类从认识生命、改造生命走向合成生命、设计生命成为可能的同时，也导致前所未有的伦理风险。无论是人工智能技术带来的隐私保护、数据权力问题，还是基因编辑技术引发的社会伦理、生物安全问题，均已成为科技发展必须要面对的重大挑战。应对这些问题和挑战，需要国际社会的通力合作、全社会的共同努力，更需要科技界负责任的研究和创新，结合新历史时期的新特点、新问题，不断加强科学道德和学风建设，不断加强科技伦理治理。

从近代科学建制化的历程看，我国是科技后发国家。中华人民共和国成立后，我国科技发展站在了新起点上，在薄弱的基础上逐渐建立了现代科技体系，取得了"两弹一星"、发现青蒿素、杂交水稻、首次人工合成牛胰岛素等重大科技成就。特别是改革开放以来，我们科技进入快速发展的轨道，科技投入不断增加，研究队伍不断壮大，国际科技合作不断推进，科学研究水平不断提高，在一些学科领域逐步进入国际前沿。党的十八大之后，随着我国经济社会的高质量发展对科技创新提出更高要求，面对国际科技前沿竞争日益激烈的新挑战，我国于2016年明确提出了建设世界科技强国的战略目标。2022年，党的二十大报告进一步提出了"以中国式现代化全面推进中华民族伟大复兴"的新使命，并明确指出"教育、科技、人才是全面建设社会主义现代化国家的基础性、战略性支撑"，强调要坚持教育优先发展、科技自立自强、人才引领驱动，加快建设教育强国、科技强国、人才强国，坚持为党育人、为国育才，全面提高人才自主培养质量，着力造就拔尖创新人才，聚天下英才而用之。

在我国科技快速发展的过程中，涌现了一大批潜心科学研究、矢志报效国家的杰出科技工作者，如李四光、钱学森、钱三强、邓稼先等老一辈科学家，陈景润、黄大年、南仁东等新中国成立后成长起来的科研人员。一代又一代卓越科学家前赴后继、接续奋斗，不断提升科学道德水平，塑造优良学风，推动社会进步和国家富强，形成了内涵丰富的中国科学家精神——胸怀祖国、服务人民的爱国精神，勇攀高峰、敢为人先的创新精神，追求真理、严谨治学的求实精神，淡泊名利、潜心研究的奉献精神，集智攻关、团结协作的协同精神，甘为人梯、奖掖后学的育人精神。中国科学家精神成为当代中国先进精神文化的重要内容，为我国在新时期建设世界科技强国，实现高水平科技自立自强提供了非常重要的精神力量。

然而，值得注意的是，在我国科技快速发展的过程中，不同形式的科研失信行为和违背科技伦理的恶性事件时有发生。2021年10月28日，美国《细胞生物化学》杂志出版了一期被指控造假论文的撤稿专辑，涉及中国77家医院和6所高校。2018年11月，贺建奎基因编辑婴儿事件产生了极其恶劣的国际影响，贺建奎本人受到学术界的谴责，我国也被部分国外媒体视为国际科技冒险家的"乐园"。可以说，学术不端和科技伦理事件频发，已成为严重制约我国实现高水平科技自立自强的突出问题。

党和政府历来重视科学道德和学风建设。特别是党的十八大以来，习近平总书记多次强调"诚信是科学精神的必然要求"，要求广大科技工作者要坚守学术道德和科研伦理，践行学术规范，让学术道德和科学精神内化于心、外化于行，涵养风清气正的科研环境，培育严谨求是的科学文化。近年来，我国进一步加大了对科学道德、科技伦理监督监管的力度。2018年5月，中共中央办公厅、国务院办公厅印发了《关于进一步加强科研诚信建设的若干意见》，对进一步推进科研诚信制度化建设等方面作出部署。2019年6月，两办又印发《关于进一步弘扬科学家精神加强作风和学风建设的意见》，以激励和引导广大科技工作者追求真理、勇攀高峰，树立科技界广泛认可、共同遵循的价值理念，加快培育促进科技事业健康发展的强大精神动力，在全社会营造尊重科学、尊重人才的良好氛围。2022年3月，两办印发了《关于加强科技伦理治理的意见》，对我国科技伦理治理工作作出了全面、系统的部署。2022年8月，科技部等22部门联合印发《科研失信行为调查处理规则》，进一步规范了科研失信行为的调查处理工作。

  无论是科学道德和学风建设，还是科技伦理治理，都必须以持续有效的教育为重要基础。一方面，离开基于教育的自觉和自律，就难以改变学术不端和恶性科技伦理事件时有发生、屡禁不止的局面，更难以夯实高水平科技自立自强的社会基础；另一方面，要培养适应日益剧烈的国际竞争、开辟国家和人类美好未来的合格人才，必须把科学道德和科技伦理教育作为"立德树人"的重要方面，纳入人才培养的整体框架之中。特别是在我国进入高质量发展的新时代，科技革命越来越广泛地影响经济社会发展各个方面的新阶段，更须加强科学道德和科技伦理教育，培养负责任、有德性的科技工作者。

　　随着新科技革命的推进，科技与社会的关系越来越密切，科研范式和科技伦理问题也在不断变化，科学道德和科技伦理教育必须与时俱进。中国科协、教育部、中国科学院、中国社会科学院、中国工程院、国家自然科学基金委员会、科技部和国家国防科工局自 2011 年联合开展"全国科学道德和学风建设宣讲教育活动"以来，经过十余年的持续努力，通过多渠道、多形式的宣讲教育活动，在引导广大师生、科技工作者弘扬科学家精神、营造风清气正的学术生态和崇尚创新的良好环境方面发挥了重要作用。

目录

第一篇　问题与挑战

1. 什么是科学道德和学风问题 …………………………………… 002
2. 如何理解科学道德、作风学风与科技伦理的关系 …………… 006
3. 科学道德、科技伦理与学风建设的重要意义是什么 ………… 010
4. 我国科学道德、科技伦理与学风建设面临的突出问题与挑战是什么 ‥ 016

第二篇　科学精神与科学家精神

1. 科学精神及其内涵是什么 ……………………………………… 022
2. 科学家精神的内涵与作用是什么 ……………………………… 030
3. 如何理解科学精神与科学家精神的关系 ……………………… 038
4. 中国科学家精神的当代价值 …………………………………… 040
5. 如何看待当前科技界的科学精神缺失与学风浮躁问题 ……… 045

第三篇　科研规范与科研失信行为

1. 什么是科研规范 ··· 050
2. 为什么科研诚信是最重要、最基础的科研规范 ··············· 052
3. 研究计划制定和课题申请中应遵守的规范 ····················· 058
4. 研究资源使用中的规范 ··· 061
5. 研究数据收集、记录和保存中的规范 ··························· 065
6. 研究数据使用与共享的规范 ······································· 068
7. 科学研究交流与合作中的规范 ···································· 071
8. 文献引证应注意的问题 ··· 076
9. 研究成果署名规范应注意的问题 ································· 079
10. 论著投稿与发表应遵守的规范 ·································· 083
11. 科研失信行为及其主要表现形式 ······························· 087
12. 当代科研失信行为有哪些新的特点 ···························· 093
13. 科研失信的危害 ·· 099
14. 如何防止科研活动中的失信行为 ······························· 104
15. 我国治理科研失信行为有哪些重要举措 ······················ 106

第四篇　科技伦理与科技伦理治理

1. 什么是科技伦理 …………………………………………… 112
2. 科技活动应该遵守哪些科技伦理原则 …………………… 114
3. 在前沿科技领域遵循科技伦理原则有什么特殊性 ……… 121
4. 科技伦理问题及其主要影响 ……………………………… 125
5. 当代主要科技领域的科技伦理问题 ……………………… 132
6. 科技伦理治理的作用 ……………………………………… 139
7. 加强科技伦理治理要注意哪些关键环节和重要问题 …… 147
8. 科技伦理教育对科技伦理治理的重要性 ………………… 152
9. 科技伦理审查及其作用是什么 …………………………… 156
10. 伦理委员会的主要职责与审查流程 …………………… 161
11. 如何积极参与科技伦理的全球治理 …………………… 166

第五篇　追求卓越：共同责任与共同行动

1. 政府 ………………………………………………………… 172
2. 科学共同体 ………………………………………………… 178
3. 大学与科研机构 …………………………………………… 184
4. 科技工作者的职责与行动 ………………………………… 191

学风涵养工作室案例 ·· 202
 清华大学：校史档案里的传承回响 ······················· 202
 东南大学：一部舞台剧搭起传承报国之志的"桥" ······· 205
 浙江大学：讲好学科故事，传承优良学风 ················ 208
 中南大学：以科学家为榜样，传承优良学风 ·············· 211
 北京理工大学：挖掘老科学家留下的学风"宝藏" ········ 214
 上海交通大学：把钱学森精神打造成"金名片" ·········· 217
 中国地质大学（武汉）：让学风在山野实践中传承 ······· 219
 哈尔滨工程大学：开学第一课传承红色基因 ·············· 222

附件 ··· 226
 附件一 《关于进一步加强科研诚信建设的若干意见》 ····· 226
 附件二 《关于进一步弘扬科学家精神加强作风和学风建设的意见》···· 237
 附件三 《关于在学术论文署名中常见问题或错误的诚信提醒》····· 246
 附件四 《科研失信行为调查处理规则》 ·················· 248
 附件五 《关于科研活动原始记录中常见问题或错误的诚信提醒》···· 264
 附件六 《国家自然科学基金项目科研不端行为调查处理办法》······ 266

备注 ··· 286

后记 ··· 299

第 一 篇

问题与挑战

　　加强科学道德和学风建设，加强科技伦理治理，要不断深化对科学道德、科技伦理和优良学风内涵的理解，充分认识加强科学道德、科技伦理和学风建设的重要意义。要明确科学道德和学风建设面临的问题，前瞻研判科技发展带来的规则冲突、社会风险、伦理挑战。这样才能够为不断完善科研规范，健全相关法律法规、伦理审查规则及监管框架提供重要基础。

1. 什么是科学道德和学风问题

老子

《道德经》曰:"道生之,德畜之,物形之,势成之。是以万物莫不尊道而贵德。道之尊,德之贵,夫莫之命而常自然。"[1]其中,"道"指自然运行与人世共通的真理;而"德"是指人世的德性、品行、王道。"道德"往往代表着社会的正面价值取向,起判断行为正当与否的作用。**科学道德**是社会道德在

> 道生之,德畜之,物形之,势成之。是以万物莫不尊道而贵德。道之尊,德之贵,夫莫之命而常自然。
>
> ——《道德经》

科学技术活动中的表现,主要是指科研活动中科技工作者[2]的道德规范、行为准则和应具备的道德素质,既表现为科技工作者在从事科学技术活动时的价值追求和理想人格,也具体反映在指导科技工作者正确处理个人与个人、个人与集体、个人与社会之间相互关系的行为准则或规范之中[3]。因此,科学精神是科学道德的思想内核,科研伦理是科学道德在伦理层面的反映,科研不端与不当行为是科研活动中背离科学道德的负面表现,科研规范是科学道德在科研活动中的具体要求和行为指南。

关于"学风",《礼记·中庸》中说:"审问之,博学之,慎思之,明辨之,笃行之。"[4]《现代汉语词典》中将"学风"解释为:"学校的、学术界的或一般学习方面的风气。"当今社会,学风一般指个体或者群体在学术研究和知识学习中的精神风尚和思想态度,包括治学精神、治学态度、治学风气、治学原则等。在科研领域,**学风**包含两层含义:一是指科技工作者的治学精神、治学态度、治学原则;二是指科技工作者的行为规范和思想道德的集体表现,是其在科技活动过程中所表现出来的精神风貌。

孔子

科学道德和学风问题是指科技工作者在科研规范、行为准则、治学精神、治学态度、治学风气、治学原则等方面表现出的失范现象。因为其不利于科学技术事业的发展和科技成果的正确使用，所以称为"问题"。科学道德和学风问题反映了当代科研体制下科技工作者在科研活动中既有精神层面的伦理道德问题，也有行为层面的科研规范问题。对科技事业而言，科学道德和学风问题直接影响科学的繁荣发展，是全局性、根本性的问题。加强科学道德和学风建设，不仅是推动学术研究自身健康发展的前提和基础，而且对倡导求真务实的社会风气，不断提高全社会的思想道德水准具有积极的促进作用。

> 审问之，博学之，慎思之，明辨之，笃行之。
> ——《礼记·中庸》

专栏 1-1　科研失信行为的具体表现

2022 年，科技部会同科研诚信建设联席会议成员单位发布《科研失信行为调查处理规则》，第二条指出，本规则所称的科研失信行为是指在科学研究及相关活动中发生的违反科学研究行为准则与规范的行为，包括：

（1）抄袭剽窃、侵占他人研究成果或项目申请书。

（2）编造研究过程、伪造研究成果，买卖实验研究数据，伪造、篡改实验研究数据、图表、结论、检测报告或用户使用报告等。

（3）买卖、代写、代投论文或项目申报验收材料等，虚构同行评议专家及评议意见。

（4）以故意提供虚假信息等弄虚作假的方式或采取请托、贿赂、利益交换等不正当手段获得科研活动审批，获取科技计划（专项、基金等）项目、科研经费、奖励、荣誉、职务职称等。

（5）以弄虚作假方式获得科技伦理审查批准，或伪造、篡改科技伦理审查批准文件等。

（6）无实质学术贡献署名等违反论文、奖励、专利等署名规范的行为。

（7）重复发表，引用与论文内容无关的文献，要求作者非必要地引用特定文献等违反学术出版规范的行为。

（8）其他科研失信行为。本规则所称抄袭剽窃、伪造、篡改、重复发表等行为按照学术出版规范及相关行业标准认定。

2. 如何理解科学道德、作风学风与科技伦理的关系

科学道德与科技伦理之间既有共性又有差异。在很多场合或是在常规语境下，"伦理"和"道德"往往被作为同义词来看待，甚至有时候被看作是可以互换的概念，其实二者的关系较为复杂。"道德"的英文单词"moral"起源于拉丁文"moralis"，指道德上的、品行端正的。中文语境下"道德"的概念则可追溯到老子《道德经》和荀子的《劝学篇》："故学至乎礼而止矣，夫是之谓道德之极。"而"伦理"的英文单词"ethics"起源于希腊语"ethos"，指行为准则、道德原则。中文语境下"伦理"的"伦"指"类"或"辈""次序"，"理"则指道理、规则。"伦理"是处理人与人、人与自然相互关系应遵循的价值理念和行为规则。由此可见，无论是"伦理"还是"道德"，其实都包含传统风俗、行为习惯之义。从历史上看，无论是个体道德判断的形成，还是社会伦理规范的形成，都是一定时期内人们在实际活动中发现某种做法，或者处理特定事务的方法，获得了较为认可的效果。同时，这种行为通常会被他人效仿，从而逐渐传承下去。"伦理"与"道德"的内涵存在较大差异，"道德"是个体性的，更加侧重于个人的主观认知和选择，而"伦理"是社会性的，

更倾向于社会的、集体的共识和规则，伦理标准在一定意义上是一种非差异化的"集体契约"。

因此，**科学道德**是个体科学工作者内心的一种价值取向和行为准则，侧重于科学家对科学真理的追求、对科学方法的尊重和对人类福祉的责任感等。它是一种个体性的、主观精神。而**科技伦理**则侧重于社会层面，它涉及科学与技术实践中的伦理规范和社会责任，是一种集体契约和社会共识。比如，目前生物学家不能把基因编辑技术应用于人类生殖行为的相关研究，原因在于基因编辑技术已成为当前社会的"集体契约"。

作风学风是科学家在科学研究过程中的行为规范和价值观念，涵盖了勇于创新、严谨求实、合作共享等方面，既涉及个体层面也涉及集体层面。作风学风实际上连接了科学道德与科技伦理。通过个体科学家的自我约束和集体之间的互相监督，要求科学家既要遵循内心的价值取向，也要遵循外界的伦理规范和社会责任。因此，作风学风在科学道德与科技伦理之间起到了桥梁作用。实际上，一个社会中个体的道德水准影响伦理规则的文明程度。当个体的道德水准越高，伦理规则往往越发文明

> 故学至乎礼而止矣，夫是之谓道德之极。
>
> ——荀子

完善。相反，如果个体之间的道德差异较大，建立高水平的伦理规范就变得更加困难。在面对同一个问题时，道德判断会呈现多样化。当个体道德水准的差异很大时，形成一个被整个社会普遍接受的伦理准则就显得更具挑战性。当差异减小时，社会可以达成一种中等水平的伦理共识。如果个体之间的道德差异进一步缩小，更高水平的社会伦理规范便更容易确立。因此，在一个社会中，总会存在一些个体的思想领先于主流观念，同时也会有一部分个体的思想滞后于主流观念。科学道德、学术风尚以及科技伦理之间的相互联系，反映了人类在科技与技术实践中不断追求并践行价值观念与社会责任的过程。这种联系也促进了科技的发展与社会、自然环境和谐共生。

专栏 1-2　中国科协《科技工作者道德行为自律规范》

2017 年 7 月 10 日，中国科协印发《科技工作者道德行为自律规范》，强调当代科技工作者要切实肩负起推动创新驱动发展、建设世界科技强国的历史重任，弘扬精忠报国、敢为人先、求真诚信、拼搏奉献的中国科学家精神，切实加强道德品质修养，努力做践行社会主义核心价值观的楷模、弘扬中华民族传统美德的典范。

《科技工作者道德行为自律规范》要求广大科技工作者要严于自律，坚持"四个自觉"的高线，自觉担当科技报国使命，自觉恪尽创新争先职责，自觉履行造福人民义务，自觉遵守科学道德规范。坚持把学术自律作为道德自律的核心内容，坚守"四个反对"的学术道德底线，反对科研数据成果造假，反对抄袭剽窃科研成果，反对委托代写代发论文，反对庸俗化学术评价。自觉接受社会各界特别是同行监督，肩负起推动创新驱动发展、建设世界科技强国的历史重任。

3. 科学道德、科技伦理与学风建设的重要意义是什么

科学是一种生产性的社会制度，其功能是生产可靠的科学知识，科学道德与科技伦理就是这一社会制度的指南和准绳，帮助科学事业向制度性目标迈进。随着科技在社会系统中扮演越来越重要的角色，社会的发展也对科技工作者的道德与伦理水平提出了更高的要求，更加需要科学道德与科技伦理的规约。因此，加强科学道德、科技伦理与学风建设，是科学事业顺利进行的重要保证，对促进科技与社会的协同发展具有重要意义，需要高度重视。

科学事业自身的健康发展需要加强科学道德、科技伦理与学风建设。科学是一项社会性的活动，涉及广泛的社会协作。正如牛顿所说："如果说我看得更远的话，那是因为我站在巨人们的肩膀上。"科学的进步需要建立在已有知识的基础上，生产可靠的科学知识就是科学大厦屹立不倒的保证。因此，作为科学知识生产的关键机制，科学共同体的顺利运行需要一定的规范来保证，及时清除有害信息，为可靠知识的积累肃清道路。然而，目前在科学界，违反科学道德和科技伦理的行为屡见不鲜。这些违反伦理道德的行为不仅会误导其他科技工作者，阻碍科学的真正

进步，还会造成资源的浪费，损害公众的利益。我们应该认识到，科学家的道德观念并不是与生俱来的，科学家的道德素养是在开展科学事业的过程中习得的。因此，加强科学道德、科技伦理与学风建设就显得尤为重要。通过教育使科技工作者将道德和伦理原则内化于心，并自觉约束自己的行为，指导自己的科研活动，有利于维护科学共同体的秩序，促进科学事业的良性发展。

让科学技术造福社会、造福人类需要加强科学道德、科技伦理与学风建设。科技向善是科学技术发展的基本要求，科学技术的进步应当与社会需求相适应，为增进社会和人类福祉作贡献。如果发展不当，科学技术也可能成为人类的敌对力量，剥夺人的自由和幸福。随着科技水平的不断提高，科学技术对社会各领域产生的影响与日俱增，在一定程度上改变了社会秩序和个人生活方式，也对自然环境造成了更大的干预。在这种情况下，科技工作者在从事科技活动时更需要思考科学技术的潜在危害及其对社会秩序可能造成的挑战，警惕科学技术造成的不良影响。科学技术的发展应当与社会发展相互匹配、相互促进。加强科学道德、科技伦理与学风建设，将科学道德和科技伦理内化于科学知识生产的各个环节，有利于防止科技发展失控，危害社会。

营造促进科技发展的良好社会环境需要加强科学道德、科技伦理与学风建设。科学技术作为全社会共同的事业，离不开社会公众的信任与支持。然而，随着违反科学道德与科技伦理的行为暴露在公众的视野当中，科学技术的危害性后果也进入了公众的视线，社会公众对科学共同体的信任程度有所下降，对科学技术的发展及其与社会的互动产生了不良影响。在这种情况下，科技工作者更加迫切需要提高科学道德意识与科技伦理水平，重新塑造科学共同体的优良形象，重新培养社会公众对科学共同体的信任。因此，加强科学道德、科技伦理与学风建设，有利于增强社会各界对科学事业的支持，在全社会营造崇尚科学的文化氛围，推动科学事业的持续繁荣。

专栏 1-3　皮尔当人的骗局扰乱科研秩序

1912 年，英国业余考古学家查尔斯·道森声称自己在皮尔当附近获取了一块头骨碎片，他将这一消息告诉了大英博物馆的地质管理员阿瑟·史密斯·伍德沃德，并与伍德沃德一起在该地点"发现"了更多的头骨碎片。伍德沃德根据头骨碎片重建了头骨模型，并宣布它们属于 50 万年前的人类祖先。伍德沃德认为，这一模型代表了人类进化中缺失的一环，支持当时在英国流行的观点——人类进化始于大脑。

重建的模型从一开始就受到争议。1913年，苏格兰解剖学家戴维·沃特斯顿提出，皮尔当人头骨由现代人的头骨和猩猩的下颌骨拼合而成。1923年，德国体质人类学家弗朗茨·魏登赖希也验证了这一说法。然而，道森于1915年"发现"的第二块头骨的碎片使人们倾向于相信头骨的真实性。直到1953年，更为彻底的科学调查揭开了这一骗局。科学家根据多种检测方法证实，皮尔当人头骨实际上是由中世纪人类头骨、500年前的猩猩下颌以及黑猩猩的牙齿化石组成[5]。

从皮尔当人头骨被伪造，到骗局最终被揭露，时间跨度41年。据估计，在此期间，大约有250篇论文和专著围绕皮尔当人展开。这一骗局误导了无数科学家，导致人类进化领域的研究在错误的道路上行进了几十年，严重干扰了人类进化的早期研究。

由此可见，必须要加强科学道德、科技伦理与学风建设，才能有效避免此类事件对科研环境的扰乱，为良性科学研究与技术实践提供基础。

专栏 1-4　生殖系基因编辑技术的伦理规约

生殖系基因编辑指对可遗传给后代的基因进行编辑。早在 2017 年，美国国家科学院和国家医学院就发布了关于基因编辑技术的报告[6]，其中包括生殖系基因编辑。该报告指出，在进行任何生殖系基因编辑时都需要谨慎。该报告的编写委员会建议，可以允许进行生殖系基因编辑研究，但必须经过更多的研究才能应用于临床。该报告进一步规定，只有在符合以下标准时才能够进行生殖系基因编辑，这些标准包括：

（1）没有合理的替代方法。

（2）仅限于防治严重的疾病。

（3）仅限于对已经被证明造成或极易导致该疾病的基因进行编辑。

2019 年 3 月 14 日，18 位基因编辑领域的专家在《自然》上发表评论，呼吁暂停人类生殖系细胞基因编辑的临床应用[7]。该评论认为，目前基因编辑技术尚未成熟，临床应用的风险尚不清晰，并且可能产生巨大的社会影响，因此需要对其设立减速带。与体细胞基因编辑相比，生殖系细胞基因编辑的风险更高，影响更为深远，因此需要我们更加审慎地评估该技术的风险以及收益，使基因编辑技术成为一项对人类负责任的技术。

4. 我国科学道德、科技伦理与学风建设面临的突出问题与挑战是什么

20世纪以来，科研活动已经从以个人的兴趣为中心、强调自由探索和学界自治的业余活动，发展为高度专业化的一种社会建制。随着科研从业人员的不断增多，科研资源相对稀缺，对学术荣誉及与之密切相关的各种利益的追求也日益激烈，引发了科研从业人员的价值冲突，产生了导致科研失信行为的职业和社会诱因。20世纪80年代，中国的科学技术开始加速发展，投入大量资源用于科研和技术创新。与此同时，失信行为、科技伦理问题与学风建设问题也开始频发。

21世纪以来，随着中国经济的快速增长和科技实力的提升，中国更加重视科学道德、科技伦理和学风建设。政府、科研院所、大学等各级机构加强了科研诚信教育和对失信行为的监督，为此出台了一系列关于科技创新与发展的政策法规，有力支持并指导了我国科学道德、科技伦理与学风建设。但总体来说，中国在科学道德、科技伦理与学风建设方面仍然面临一定的挑战。

当前，中国在科学道德和学风建设、科技伦理治理方面取得一定的成效，但是仍然存在需要逐渐完善、提升和加强的三个方面。

一是需要不断完善遏制学术不端行为与科技伦理问题的长效机制。当前我国已经制定了一系列相关的法律法规，但是对于学术不端行为和科技伦理问题的违规行为惩罚力度不够，难以起到威慑作用；研究机构内部的监督机制不够完善，监管过程中数字化、智能化技术运用不够，难以及时监测不端行为与科技伦理问题；责任主体缺乏对学术和科技伦理机制的定期审查、评估与调整，难以适应不断变化的科技和科研环境，不能保证相关制度的长期有效性。政府、教育机构、研究机构和学术界亟须加强合作，建立健康的学术与科技伦理生态。

二是需要快速提升有效应对前沿科技伦理问题的意识与能力。当代科技的迅猛发展正在不断挑战人类已经建立的一些基本原则和社会秩序，产生了一系列科技伦理问题。但是，中国在伦理意识的普及方面仍显不足。科研人员和技术从业者对伦理问题的识别能力相对较低，导致可能忽视或低估现代科技的伦理风险。公众对科技伦理问题的敏感性和参与程度相对较低，导致伦理决策难以涵盖更广泛的观点和视角。在一些前沿科技领域，伦理意识缺乏、应对伦理问题的能力不够，导致监管和法规没有跟上科技发展的步伐，难以应对新兴科技的伦理挑战。科技伦理是一个不断发展和演变的领域，需要不断提升对伦理问题的敏感性，提高应对前沿科技伦理问题的意识、知识与能力。

三是需要持续加强科研规范与科技伦理的教育和研究等基础性工作。

近年来，科研规范与科技伦理教育和研究受到世界各国的重视，我国在科技伦理政策规范方面也在不断完善，不少高校也开设了科技伦理相关课程。但是，我国在科研规范和科技伦理领域依然缺乏系统深入的研究。科技伦理中的很多问题尚未在学术界取得普遍的共识和认同，也没有形成既符合中国国情又符合国际规范的科技伦理学科体系。在高等教育领域中，由于专业化的师资和教材短缺，目前缺乏体系化的科研规范与科技伦理相关课程。各个高校尽管开设了部分科技伦理课程，但是大多以选修课开设，开设课程的随意性比较大。总之，我国科研规范、科技伦理教育与研究存在对象狭窄、方式单一、场景不灵活、内容不够综合等问题，亟待持续加强相关基础性工作，建立系统完备、符合现实需要的科技伦理教育体系。

上述问题的有效解决是一项长远性、系统性工程，涉及科学文化建设、科技伦理教育与相关科技伦理问题的有效治理。其中，科学文化建设对于科技从业者科研规范的养成、学风道德的塑造具有长远的深层次影响；科技伦理的教育与研究则以广泛提升人的伦理素养和治理能力为基本特征和核心任务，是科技伦理治理的基础性、战略性和长远性的重要支撑。

专栏1-5　2020年中国学者英文杂志撤稿论文[8]

自2020年1月至2021年1月，全球被撤稿的英文论文1932篇，其中来自中国学者的有819篇（占撤稿论文总量的42.4%）。819篇被撤稿的论文涉及约388种英文杂志，位居前三的分别为：影响因子3.024的意大利SCI杂志《欧洲医学与药理学综述》（European Review for Medical and Pharmacological Sciences）撤稿162篇论文，《公共科学图书馆·综合》（PLOS ONE）撤稿29篇，《生物科学报告》（Bioscience Reports）撤稿21篇。在819篇论文中，639篇的撤稿通知提示涉嫌学术不端，不端行为主要涉嫌抄袭或文本重复现象，其中文本重复比占50%以上的有216篇。图像问题成为2020年被撤稿论文的一个显著特点，有377篇论文的撤稿通知提示图像涉嫌篡改或造假，其中74篇图像文本相似比例在60%以上，有121篇在50%以上，有197篇在40%以上。这一现象说明，我国在科学道德、科技伦理和学风建设方面面临的问题依然严峻。

推荐阅读书目

1. 科学技术部科研诚信建设办公室编写. 科研诚信知识读本. 北京：科学技术文献出版社, 2009.
2. 程现昆著. 科技伦理研究论纲. 北京：北京师范大学出版社, 2011.
3. [美] 丹尼尔·S.格林伯格著. 纯科学的政治. 李兆栋, 刘健译. 上海：上海科学技术出版社, 2020.
4. [英] G.E.摩尔著. 伦理学原理. 陈德中译. 北京：商务印书馆, 2018.
5. 高树中, 杨继国, 贾国燕主编. 科学道德概论. 北京：科学出版社, 2017.

第二篇

科学精神与科学家精神

　　科学精神体现了对真理的坚定追求、理性的探讨以及对客观现象的中立分析，是全人类在追求知识的道路上共同遵循的信条。科学家精神则是这种信仰在特定的科学群体中的深化体现，既注重对事物本质的深入探索，更强调了科学家应有的社会责任和使命感。科学家不仅在学术研究上追求严谨，更被期望以其研究成果回馈社会，促进人类福祉。中华人民共和国自成立以来，科技事业的飞速发展和重大成就背后，是一代代中国科学家不懈追求、锐意创新的结果。科学精神和科学家精神互相促进，为推动人类文明的不断前行注入了强大的动力。在科技飞速发展的时代，我们更需深入理解并大力弘扬科学精神和科学家精神，让它们成为指引我们走向辉煌未来的明灯。

1. 科学精神及其内涵是什么

我国最早论及"科学精神"的学者是任鸿隽先生。1916年，他在《科学精神论》一文中明确指出："科学精神者何？求真理是已。"著名物候学家竺可桢在1941年所撰《科学之方法与精神》一文中提出了三种科学态度：一是不盲从，不附和，一以理智为依归，如遇横逆之境遇，则不屈不挠，不畏强御，只问是非，不计利害；二是虚怀若谷，不武断，不蛮横；三是专心一致，实事求是，不作无病之呻吟，严谨整饬毫不苟且。1996年，时任中国科协主席周光召在全国科普工作会议上对科学精神的内涵又作了进一步的扩展：平等和民主，反对专断和垄断；既要创新，又要在继承中求发展；团队精神；求实和怀疑精神。2011年，杜祥琬院士在南开大学面向青年学生作科学道德和学风建设报告时强调：科学的价值和使命

竺可桢

> 不盲从，不附和，一以理智为依归，如遇横逆之境遇，则不屈不挠，不畏强御，只问是非，不计利害；
>
> 虚怀若谷，不武断，不蛮横；
>
> 专心一致，实事求是，不作无病之呻吟，严谨整饬毫不苟且。
>
> ——竺可桢

在于追求真理、造福人类，这也正是科学精神的真谛；由科学精神派生的科学的理性精神，要求科技工作者以有利于社会为原则约束自己的行为；由科学精神派生的科学的实证精神，要求科学研究必须以唯真求实为原则，经得起实践检验，由科学精神自然导出了一系列的科学道德行为准则。

在国外关于科学精神的研究中，美国科学社会学家罗伯特·默顿的论述最为系统。1942年，默顿在《科学的规范结构》一文中提

罗伯特·默顿

出，科学的精神气质是指约束科学家的有情感色调的价值和规范综合体，科技共同体理想化的行为规范概括为普遍性、公有性、祛利性和有条理的怀疑性，通过被科学家内化形成科学良知。尽管科学的精神特质并没有被明文规定，但可以从体现科学家的偏好、从讨论科学精神的著述和从他们对违反精神特质的义愤的道德共识中找到[9]。美国著名生物学家罗伯特·莱夫科维茨在《科学精神》一文中指出，真正的科学精神尤其体现在激情、创造性和诚信三个方面[10]。

概括起来，**科学精神**是科学活动的内在要求和科学事业发展成功实践形成的精神理念。科学精神面向整个社会，突出繁荣科学事业和保障高质量科学知识生产的总体要求。

关于科学精神的基本内涵，不同论者的侧重点不同。在任鸿隽看来，科学精神包括两个要素：崇尚实证和贵在准确。在竺可桢看来，科学精神的内涵包括：不盲从权威，不计利害，虚心，专心，求是。在周光召看来，科学精神的内涵是：民主精神，创新精神，团队精神，求实和怀疑精神。综观各家所言，科学精神的内涵可以概括为：求真精神，实证精神，进取精神，协作精神，包容精神，民主精神，献身精神，理性的怀疑精神，开放精神，等等。2007年，中国科学院向社会发布的《关于科学理念的宣言》涉及"科学的精神""科学的价值""科学的道德准则"和"科学的社会责任"四个方面，由此大致界定了"科学精神"的外延：一是物质与精神的统一，科学因其精神而更加强大；二是不懈追求和捍卫真理；三是对创新的尊重；四是采用严谨缜密的方法；五是遵循普遍性原则。

科学精神与人文精神在本质上是相互关联的有关整体。人文精神是一种普遍的人类自我关怀，表现为对人的尊严、价值、命运的维护、追求和关切，对人类遗留下来的各种精神文化现象的高度珍视，对全面发展的理想人格的肯定和塑造。人文精神的基本含义在于尊重人的价值，尊重精神的价值。相对于科学精神而言，人文精神较注重非理性的因素，主要表现为：以人为尺度，追求善和美；在肯定理性作用的前提下，重视人的精神在社会实践活动过程中的作用等。总体上讲，人文精神尊重人的价值，注重人的精神生活，追求人生的真谛，强调社会的精神支柱和文化繁荣的重要性，重视生产的人文效益、产品的文化含量等。在现实生活中，人文精神指导着人类文明的走向。如果说科学精神注重解决"是什么"的问题，人文精神的侧重点则在于研究"应该怎样"的问题。在科学精神的指引下，科学技术取得了巨大的成就；而只有在人文精神的指导下，科学技术才能向着最有利于人类美好发展的方向前进。人文精神与科学精神可以说是承载和导引人类社会前进的两条轨道，永远无法割裂。科学精神在研究方法上强调思想探索的自由，这一点也是人文精神的体现。因为只有在一个允许自由思考和探索的环境中，科学和人文才能得到最充分的发展。并且，科学的目的——促进人类文明的不断进步和增进人类福祉——本身就是人文精神的具体体现。科学为人文提供了实用的手段和工具，而人文则为科学提供了价值和意义的方向。这两者在方法和目标上虽有所不同，但它们共同构成了人类追求全面发展和高质量生活的基础。

因此，新时期需要大力提倡科学精神和人文精神的融合，让科学精神和人文精神在科技界以及全社会得到充分弘扬。科技工作者不仅要研究客观世界的规律，还应该具有崇高的社会责任感和道德感，关心整个社会和人类的命运，把祖国和人民放在心中，把国家和人民的利益放在首位；要看重和爱护自身人格，做到自觉、自尊、自强和自信，尊重别人并且以诚信待人待事，忧国忧民，一身正气；要继承和发扬科技界热爱祖国、奉献人民的优良传统，求真务实，团结协作，奋发图强，努力创造更加辉煌的业绩。

专栏 2-1　通过实证研究获取具有普遍性的科学知识

1687 年，牛顿在《自然哲学的数学原理》一书中提出了万有引力定律和三大运动定律。牛顿根据万有引力理论推断：地球应该是个在赤道处鼓起而在两极扁平的扁球体。另一位科学家卡西尼则依据地球绕日运动的影响推断地球是个两极拉长的扁长球体。到底地球真正的形状是什么样子的呢？18 世纪 30 年代，法国科学院派出了两个远征队，一队到北极圈附近的拉普兰，一队到赤道附近的秘鲁，分别测量两地子午线的长度。历经十几年的精细勘测，最终证明牛顿的预测是正确的，而卡西尼的假设是错误的。

法国科学院远征队对子午线长度的精细测量，展现了难能可贵的科学精神。牛顿预测的最终证实，表明了科学精神的力量——一种让人们能够拥有批判的头脑、理性的思考、自由的讨论、接受实践检验的力量。科学精神让人们尊重事实，尊重真理，反对迷信，反对盲从，反对因循守旧。

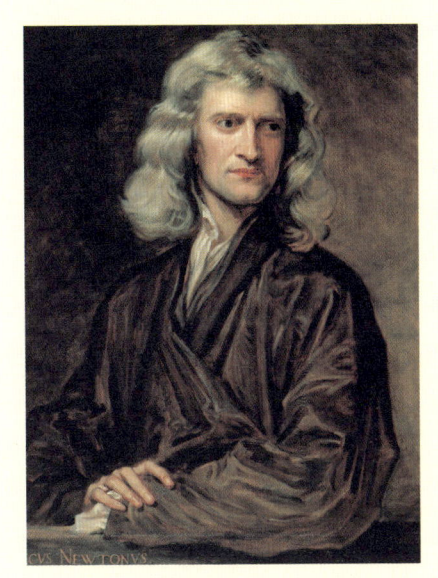

牛顿

专栏 2-2　居里夫妇：不灭的科学精神

在科学探索的道路上，居里夫妇有着不屈不挠的科学家精神。他们的研究不仅推翻了当时的理论框架，而且在面对来自社会、经济的多重压力下，他们坚持了下来。坚持开展研究，不仅因为他们对自己的研究有信心，还因为他们明白科学进步的真正价值在于其对人类福祉的潜在贡献。

居里夫妇发现了钋和镭，这两种极其特别的元素几乎推翻了前人的理论基础，科学界的同行们有些坐不住了，他们纷纷站出来说："眼见为实。你们必须把镭提取出来，我们才能相信。"在科学研究领域，只有理论还不够令人信服，必须要有真凭实据。为此，居里夫妇开始了一生中最艰难的实验研究。可是，镭在沥青铀矿中的含量实在太少了，只占百万分之一。而且，沥青铀矿太贵，居里夫妇根本买不起，当时也难以获得法国政府的资助。没办法，他们只能自掏腰包，与矿区负责人讨价还价，买回一大堆废弃的矿渣。

实验材料虽然有了，但是没有好的实验环境也难以开展实验。此前的小棚屋自然达不到实验要求，因此他们还需要一个好的实验室。最终，他们选定了一个解剖室，创造各种条件，炼渣取镭。

最终，居里夫妇通过对 8 吨残渣的提取，获得了 0.1 克纯净的镭。他们发现，镭元素还有一个更迷人的作用：它可以破坏癌细胞，可以治疗某些癌症，这就是今天我们所说的"放射疗法"。这也正是发现镭元素的重要意义，除了科学研究的应用外，它还可以拯救更多的人。

当皮埃尔问玛丽是否要申请镭的专利时,玛丽一口否决:"这不行,这有违科学精神,科学家有责任公开自己的研究过程,而且镭是要用来治病的,我们不能借此牟利。"皮埃尔也非常赞许玛丽不徇私利、让科研成果造福人类的科学精神。

居里夫妇的故事是一部关于勇气、坚持和道德选择的史诗。他们不仅通过努力推动了科学的进步,还通过自己的行为和选择,展示了崇高的科学精神和科学家精神。这种精神不仅值得当代科学家学习,也应成为所有追求真理和进步的人们的向往[11]。

居里夫妇

2. 科学家精神的内涵与作用是什么

科学家精神是科技界广泛认同并遵循的科学价值理念，代表科学家群体的精神风貌。因此，科学家精神面向科学家群体，除强调科学家在推进高质量科学知识生产的同时，还要求科学家在让科学研究造福社会、报效祖国、服务人类-自然可持续发展等方面负有重要使命。

习近平总书记在科学家座谈会上强调："科学成就离不开精神支撑。科学家精神是科技工作者在长期科学实践中积累的宝贵精神财富。中华人民共和国成立以来，广大科技工作者在祖国大地上树立起一座座科技创新的丰碑，也铸就了独特的精神气质。"[12]

> 科学成就离不开精神支撑。科学家精神是科技工作者在长期科学实践中积累的宝贵精神财富。
> ——习近平

2018年3月,中国科协与光明日报社联合主办中国科学家精神座谈会。中国工程院院士杜祥琬从三个方面对科学家精神进行了概括,"第一,是追求真理的科学精神,要有实事求是的态度,要有真、善、美的追求和严谨的学风,科研工作来不得一点马虎,要做老实人、说老实话、办老实事;第二,科学的灵魂在于创新,创新驱动发展是国家重要战略,科学家需时刻不满足于已有的认识、能力、技术和产品,以科技创新推动社会进步;第三,科学家要有家国情怀,有社会责任感和历史使命感"[13]。2019年5月,中共中央办公厅、国务院办公厅出台了《关于进一步弘扬科学家精神加强作风和学风建设的意见》,明确了我国科学家精神的主要内涵,包括胸怀祖国、服务人民的爱国精神,勇攀高峰、敢为人先的创新精神,追求真理、严谨治学的求实精神,淡泊名利、潜心研究的奉献精神,集智攻关、团结协作的协同精神,甘为人梯、奖掖后学的育人精神[14]。2020年9月,习近平总书记在科学家座谈会上进一步强调了爱国精神和创新精神,指出**"科学无国界,科学家有祖国"**,鼓励广大科技工作者"主动肩负起历史重任,把自己的**科学追求**融入建设社会主义现代化国家的伟大事业中去"[12]。

> 在中华民族伟大复兴的征程上，一代又一代科学家心系祖国和人民，不畏艰难，无私奉献，为科学技术进步、人民生活改善、中华民族发展作出了重大贡献。新时代更需要继承发扬以国家民族命运为己任的爱国主义精神，更需要继续发扬以爱国主义为底色的科学家精神。
>
> ——习近平

"科技兴则民族兴，科技强则国家强"，科技对民族、国家的重要作用不言而喻，科学家和科技人才对民族、国家的重要作用同样不言而喻。或许科学家的很多工作因为深奥神秘而鲜为人知，但他们身上勇攀高峰的求索精神、甘为人梯的育人精神，他们为祖国为社会作出的巨大贡献，却总能深深震撼人心，成为一代代科学家不断努力的方向，成为社会风尚和创新生态发展的灵魂，成为国家经济社会发展的脊梁。

第一，科学家精神是薪火相传厚植创新人才的力量之源。培养科学家和科创人才，离不开科学家精神的滋润和塑魂。科学家精神是一代代科学家砥砺奋进的内动力，更是厚植新时代科技人才的精神原动力。科

> 主动肩负起历史重任,把自己的科学追求融入建设社会主义现代化国家的伟大事业中去。
>
> ——习近平

学家精神在一代代科学家身上得到了淋漓尽致的展现。从钱学森到屠呦呦,再到钟扬、黄大年,杰出的科学家身上总有一种极为相似的精神气场:他们胸怀祖国、服务人民;他们勇攀高峰、敢为人先;他们追求真理、严谨治学;他们淡泊名利、潜心研究;他们集智攻关、团结协作;他们甘为人梯、奖掖后学……他们将爱国、创新、求实、奉献、协同、育人的新时代科学家精神镌刻在大地上,铸就中国科技创新的丰碑。弘扬科学家精神能够让全社会尤其是中小学生了解科学、熟悉科学、热爱科学,帮助广大科技人才进一步坚定理想信念,树立"天下兴亡,匹夫有责"的精神追求,激发、保持浓厚的家国情怀和社会责任感,为全面建设社会主义现代化国

屠呦呦

钟扬
（中国图片社 供图）

家奠定坚实的创新人才基础。

第二，科学家精神是引领社会风尚营造创新生态的铸魂之基。科学家是科学知识和科学精神的重要承载者，科学家要想取得伟大成就，离不开精神的激励，而这种激励因国家和民族需要尤为可贵。科学家精神正是凝聚国家意志、体现民族精神、引领社会风尚、营造创新生态的重要基础。弘扬科学家精神有利于社会创新文化的培育，持续提升社会公众的科学素养，在全社会营造尊重知识、尊重科学、尊重人才的良好社会氛围，使爱国、创新、求实、奉献、协同、育人的精神蔚然成风，迸发出更强大的时代感召力和社会引领力，激励广大科技工作者接力精神火炬、奋进新的长征。

第三，科学家精神是支撑国家经济社会跨越发展的强国之柱。70多年来，从中华人民共和国成立初期吹响向科学进军的号角，到改革开放时期提出科学技术是第一生产力的论断；从跨越新世纪加强自主创新能力到党的十八大后全面实施创新驱动发展战略，再到二十大报告将教育、科技、人才作为全面建设社会主义现代化国家的基础性、战略性支撑。

报告指出,"必须坚持科技是第一生产力、人才是第一资源、创新是第一动力,深入实施科教兴国战略、人才强国战略、创新驱动发展战略,开辟发展新领域新赛道,不断塑造发展新动能新优势"。在中国共产党的领导下,一代代科技工作者艰苦奋斗、不懈努力,中国科技实力随着经济社会发展同步壮大,实现了从难以望其项背到跟跑、并跑乃至领跑的历史性跨越,正向着世界科技强国的宏伟目标阔步前进。这一伟大历史过程,离不开一代代科技工作者接力精神火炬,将"祖国高于一切"这种最深层情感,作为投身创新报国实践的最高准则,他们勇攀高峰、追求真理、潜心研究、集智攻关、甘为人梯,推动科学技术成为经济社会健康发展的巨大动能,为提高综合国力、建设科技强国提供了强大精神支撑。弘扬科学家精神有助于更好地应对新一轮科技革命和产业变革加速演进的趋势,为我国打造百年变局下国际经济竞争新优势、建设科技强国和现代化强国提供强大的精神赋能。

黄大年

专栏 2-3　从华罗庚看科学家精神

华罗庚，1910年出生在江苏金坛一个贫寒的家庭，一共只上过9年学，初中毕业后就辍学在家，后又不幸身患伤寒致使左腿残疾。但他身残志坚，刻苦自学，在逆境中奋发努力。在剑桥大学求学期间，为节省时间，华罗庚始终没有办理正式入学手续，而只要求做一名访问学者。他说："我是来剑桥求学问的，不是为了学位。"他不图名利、不急功近利，秉持报效祖国、服务社会、一心为民的坚定信念，成为我国解析数论、典型群、矩阵几何学、自守函数论与多复变函数论和计算机事业的创始人与开拓者[15]。

华罗庚

华罗庚曾说过："科学的灵感，绝不是坐等可以等来的。如果说科学上的发现有什么偶然机遇的话，那么这种'偶然的机遇'只能给那些学有素养的人，给那些善于独立思考的人，给那些具有锲而不舍的精神的人，而不会给懒汉。"

"华罗庚精神"是一种一心报国、矢志不渝的爱国精神，是一种逆境拼搏、奋斗不息的自强精神，是一种慧眼识珠、甘当人梯的团队精神，是一种生命不息、战斗不止的奉献精神。作为科研工作者，我们要不断更新观念，勇于创新，同时也要有自强不息、脚踏实地、求真务实的科学态度。

专栏 2-4　程开甲：一生为国铸盾　映照百年风云 [16]

1964 年 10 月 16 日 15 时，那一声让炎黄子孙扬眉吐气的"东方巨响"响彻天际，蘑菇云腾空而起，中国第一颗原子弹爆炸试验圆满成功。

为了这一声"东方巨响"，无数科学家隐姓埋名，无私奉献。第七届全国道德模范、"两弹一星"元勋程开甲，便是其中一员。2014 年 1 月，程开甲获得国家最高科学技术奖，习近平总书记为程开甲颁发奖励证书。为这一声"东方巨响"，程开甲隐姓埋名，为国铸盾。从首次踏入"死亡之海"罗布泊，程开甲一生中最好的 20 多年都留在了大漠戈壁。2018 年 11 月 17 日，程开甲院士在北京逝世，享年 101 岁。程开甲生前说过："常有人问我对自身价值和人生追求的看法，我说我的目标是一切为了祖国的需要。'人生的价值在于奉献'是我的信念，正因为这样的信念，我才能将全部精力用于我从事的科研事业上。"

人们称程开甲为"核司令"，因为他是中国指挥核试验次数最多的科学家。他说："我这辈子最大的心愿就是国家强起来，国防强起来。"作为我国核试验的技术总负责人，程开甲带领科技人员建立发展了我国的核爆炸理论，并在历次核试验中不断验证完善，成为我国核试验总体设计、安全论证、测试诊断和效应研究的重要依据。他还指导、开创了核爆炸效应的研究领域，领导并推进了我国核试验体系的建立和科学发展，满足了不断提高的核试验需求，支持了我国核武器设计改进和运用。

87 岁时，程开甲亲笔写下："科学技术研究，创新探索未知，坚韧不拔耕耘，勇于攀登高峰，无私奉献精神。"这正是他一生所坚持和奉行的，也是他科学人生的真实写照。

3. 如何理解科学精神与科学家精神的关系

科学精神更多地从科学本身的特点来理解，强调对真理的不懈追求和对人类进步的不断促进。而科学家精神，不仅是对科学精神的继承和发扬，而且强调科学家在社会中的角色和责任。科学家不仅是研究者，他们还是教育者和领导者。他们不仅要自觉地弘扬科学精神，更要意识到自己是有祖国的、是生活在社会中的公民。这意味着好的科学家不仅是遵循和弘扬科学精神的典范，还要成为促进科学事业和社会进步紧密结合的典型代表。对他们而言，科学不仅仅是实验室中的研究，还与社会的发展、国家的兴衰息息相关。因此，科学家精神强调科学精神与社会责任的结合以及与家国情怀的结合。要想更好地理解科学精神与科学家精神的关系，可以从以下几方面进行思考：

其一，科学精神是科学家精神的思想基础。科学精神是人类事业和社会活动所折射出的精神；而科学家精神是科学精神在科学家群体的投射，是特定社会群体和职业所体现的精神[17]。可以说，科学共同体是科学精神的第一主体和第一载体[18]。

其二，科学家精神强调科学精神、社会责任与家国情怀的结合。在科学精神的基础上强调科学家精神，是一种以人为本的取向，可真正实现科学文化与人文文化的和谐统一[19]。要激励广大科技工作者将知识与人格进行融合，需要重视科学家精神的培育和弘扬。科技工作者不仅需要"求真务实、敢于质疑"的职业品质，还要有"经世致用、报国为民"的家国情怀与奉献精神。

其三，中国科学家精神是科学精神的时代化、中国化和人格化。科学精神有永恒的主题，主要表现为求真精神、实证精神、理性的怀疑精神、开放精神等。而科学家精神既是科学精神的传承和发扬，也是民族精神和时代精神的融入和体现，在不同民族、不同时代表现出独特的精神气质[20]。中国科技工作者所处的历史背景、文化环境与时代使命责任与西方国家存在较大差异，可以说，中国科学家精神是科学精神的时代化、中国化和人格化，是中国科学家群体所呈现的独特精神气质[19]。

4. 中国科学家精神的当代价值

中华人民共和国成立以来，一代又一代的科学家在逆境中坚守岗位，以其无私和全身心投入的科学精神，构建了一系列具有深远影响的感人至深的成就与故事。以"两弹一星"项目的关键参与者为例，这些科学家在面临巨大个人风险的情况下，仍然毫不犹豫地投身于这一重大科研任务，其驱动力源自一个深刻的愿景：促进中国的全面崛起和国际地位的提升。在当前的全球格局中，中国已经崭露头角，成为世界舞台上不可或缺的一员，这一成就在很大程度上得益于这些科学家的不懈努力和卓越贡献。如今，实现中华民族伟大复兴的宏伟目标成为我们每个中国人的共同目标。纵观目前国际环境，想要实现中国梦，科技创新依然是关键所在，而推动科技创新的动力，还是源自科学家纯粹的精神追求。这种精神，其实是中华民族自强不息的基因在科学领域的集中体现。它蕴含着对真理的崇尚，对祖国的热爱，对人民的关怀。用夸张的比喻，它就是科技发展的"加速器"，中华民族复兴的"润滑油"。既然如此珍贵，我们有必要抓住这个"灵丹妙药"，使其发挥更大的时代价值。具体来说，中国科学家精神在新时代的作用，可概括为以下三点。

第一，中国科学家精神是实现中华民族伟大复兴的巨大动力源泉。科学家精神可以推动科学技术高质量发展，提高人民生活水平。例如，科学家对新材料、新能源的研究，可以提升我国产业核心竞争力，走在世界技术创新的最前沿。科学家精神可以提升国家治理水平，让老百姓安居乐业。举例来说，在推进智慧城市建设过程中，科学家开发出的各种信息技术，帮助政府更好地了解民情，提高了社会服务水平。科学家精神可以增强人民科学素养，让老皇历彻底退出历史舞台。比如面对某些突发事件时，科学家展开大量科普宣传，帮助群众用科学的方法面对，避免恐慌。可以说，科学家精神润物无声，在中国特色社会主义建设的方方面面发挥着不可或缺的作用。它是实现中华民族伟大复兴这个宏伟目标的根本动力来源。

第二，中国科学家精神是建设世界科技强国的关键支点。在激烈的国际竞争中，科技创新能力日益成为衡量一个国家综合实力的重要标志。中国要向世界科技强国进军，就必须发扬科学家精神，以它为技术自主创新的精神支柱。推动原创性基础研究，实现更多"从0到1"的突破，这需要科学家保持初心和耐心，不怕坐"冷板凳"，敢于直面科研难题；攻克核心关键技术，确保国之重器自主可控，这需要科学家不忘国家使命，全力以赴研制民生和国防所需的重大装备；抢占国际技术制高点，让中国成为科技创新的"领头羊"，这需要科学家放眼全球，紧跟世界科技前沿，勇于进行颠覆性原创。可以说，科学家精神是世界科技强国建设的重要基石，它确保中国在新一轮科技革命大潮中占据主动。

第三，中国科学家精神是构建人类命运共同体的桥梁纽带。当今世界正处于一个大变革大调整时期。面对各种全球性挑战，不同国家需要团结合作、共同应对。而科学技术的进步，为增进理解、消弭分歧提供了重要平台。科学家精神可以促进不同文明交流，推动人与人的沟通理解。世界那么大，科学家说着一种通用语言。他们不分国界、不分种族，聚在一起探讨科学问题和人类命运。科学家精神可以助力完善全球治理，使各国人民获得和平红利。科学家开展国际合作研究，为应对疫情、气候变化等挑战建言献策，他们是全球治理的积极参与者。科学家精神可以促进各国共同发展，让世界变得更加美好。中国科学家积极参与国际可持续发展项目，为全球减贫事业、生态文明建设贡献力量。可以说，科学家精神是不同国家、不同文明之间相互理解的桥梁纽带，是人类社会进步的重要动力，也是构建人类命运共同体的重要基石。总的来说，不论对国内发展，还是对国际合作，中国科学家精神都发挥着独特而宝贵的作用。在新时代，全社会都应该弘扬科学家精神，让它成为激励全民创新创造的正能量，成为凝聚各国交流合作的共识，从而推动人类文明走向更加光明的未来。

专栏 2-5　钱伟长：国家的需要就是我的专业[21]

钱伟长，我国力学、应用数学、中文信息学的奠基人之一，也是中国科学院力学研究所和自动化研究所的创始人之一。他创建了板壳非线性内禀统一理论和浅壳的非线性微分方程组，在波导管理论、奇异摄动理论、润滑理论、环壳理论、广义变分原理、有限元法、穿甲力学、大电机设计、高能电池、空气动力学、中文信息学等方面都有重要贡献。1956 年、1982 年先后获国家自然科学奖二等奖，1997 年获何梁何利基金科学与技术成就奖。

1931 年清华大学入学考试的作文题目是《梦游清华园赋》，钱伟长写了一篇文采斐然的文章，让出题人陈寅恪直接给了满分。但是这样的文科高才生，在选择专业时，却毅然弃文从理，选择了物理专业。这一选择早有其因，在目睹了日本侵华、东北沦陷之后，钱伟长的心里埋下学科学、造飞机大炮的理想。

1935 年 6 月，一篇论文《北京大气电的测定》在青岛举行的物理学年会上被宣读，论文提供了我国自行测定大气电量的第一批数据，获得了学界的高度关注，这篇论文正是钱伟长的本科毕业论文。此后，他继续在清华大学攻读研究生，主攻 X 光衍射的研究。从清华研究生毕业后，钱伟长前往多伦多大学继续学习物理，专攻弹性力学，主要研究板壳内禀理论，这一理论在现实中有着非常广泛的应用，在制造火箭、卫星、桥梁等物体时，需要考虑到金属板的变形和物体外壳的形态。1941 年 5 月，钱伟长和辛格教授合著的《弹性板壳的内禀理论》发表,在物理学界引起轰动。爱因斯坦看到这篇论文也大加赞赏,这篇论文也被学界誉为"为西方文献重新注入新的生命力""对以后的工作有不可估量的影响"。

中华人民共和国成立之后,钱伟长更是全身心地投入到祖国的建设中去。他关心的不再只是力学,而是对国家有益处的一切研究方向,并经常提出一些有建设性的建议。

5. 如何看待当前科技界的科学精神缺失与学风浮躁问题

科学精神缺失是指没有遵循科学共同体的基本信念、价值标准和行为规范进行科学（或学术）研究活动的现象，它的直接表现是不遵循求真务实的理念，缺乏团队协作意识和能力，不具备包容和开放的心态，不愿意为科学作出奉献，不善于大胆地质疑，盲目推崇学术权威，在科学活动的标准评判中掺杂种族、性别、年龄、宗教、民族、国家、阶级、个人品质等主观因素。例如，20世纪30—60年代，拉马克和米丘林的获得性遗传学说在苏联成为正统理论，代表人物李森科借助政治权威拒绝受到实验支持的孟德尔和摩尔根遗传学，视西方遗传学家为敌人，将遗传学打上阶级的烙印。

所谓学风浮躁，主要指学界追慕虚名、急功近利的风气，它与学术研究所必备的理智、沉稳、严谨、求实的风尚背道而驰。当前学术界中比较常见的浮躁学风有：不安心从事系统、扎实、深入的学术研究，浮光掠影、浅尝辄止、粗制滥造，只求数量、不顾质量，企图不付出艰苦的努力就获得丰厚的学术回报。

近几年来，我国科技界的科学精神缺失和学风浮躁的突出问题主要表现在：第一，科研活动的功利色彩浓厚，过多地看重个人或小团体的利益得失，利用科研机会牟取私利，在商业利益冲突下，部分科研人员彻底忘记了科学的非私利性，追求不当利益；第二，迷信或畏惧学术权威，轻信永恒不变的"真理"，部分丧失了科学的质疑和批判本性，在科研设计、研究方法选择、研究过程、技术标准、数据分析和成果应用等环节不能时刻保持批判意识和态度；第三，不遵循科学共同体公认的科学规范和科研方法，缺乏必备的相关学科知识，学术态度不严谨，科学态度不端正，因主观倾向造成系统性差错；第四，不愿意坚持接受严格又系统的科学训练，不关注最新的学科发展动态，把主要精力用在跑科研项目、拉关系、参加社会活动上；第五，普遍存在着低水平重复、粗制滥造、泡沫学术等不良现象，甚至抄袭、剽窃他人成果，将他人的劳动成果据为己有，随意篡改、捏造实验数据，将本不具有创新性的成果贴上创新的标签，骗取公众认可，进而获取学术地位和物质利益，企图不付出艰苦的努力就获得丰厚的学术回报。

这些严重背离科学精神的行为在很大程度上影响着正常的学术氛围，对于我国科学研究和学术发展十分不利。违背科学精神必然会对国家、学术界带来严重后果。一是背离了求真精神，科研失信行为以及学术腐败屡禁不止，许多研究无功而返，浪费了巨大的人力、财力和物力。如王某"发明"水变油，周某"发明"W型超浅水船等，完全超出了目前人类已知的自然科学知识，没有经过严格的科学验证程序，却成为重点科研项目，在耗费国家大量的财力、物力之后，所谓的创新发明无疾而终。二是误导重大工程项目盲目决策。目前在社会政治经济领域所表现出来的科学精神的匮乏使一些重大公共项目仅仅凭借官员个人的喜好，缺乏在尊重科学的前提下综合考虑多种社会因素，这些决策失误直接导致经济损失。三是助长社会文化生活领域伪科学和迷信泛滥。当前不少人仍然将人生命运寄托在问卜算卦、烧香拜佛之上，一部分年轻人迷恋星座算命。科学精神的缺失如不能尽快扭转，就会对兢兢业业从事科学研究的个人的发展产生极为严重的消极影响。

科学事业的发展离不开科学精神的滋养。这就要求每一位从事科研活动的人必须端正治学态度，加强学术道德修养，树立严谨求实的治学精神；必须耐得住艰辛和寂寞，坚持严肃的科学态度和严密的科学方法，坚持以自己优秀的学术成果为社会、为国家服务；必须正确对待学术活动中的名与利，正确处理自我价值和社会价值的关系，以推动学术进步为己任，以国家和民族的振兴为己任，献身于追求真理的崇高事业。同时，必须坚决反对急于求成、急功近利的浮躁学风，更不能自甘堕落地弄虚作假，抄袭剽窃，唯利是图。

推荐阅读书目

1. 王大衍，于光远主编. 论科学精神. 北京：中央编译出版社，2001.
2. ［法］加斯东·巴什拉著. 科学精神的形成. 钱培鑫译. 南京：江苏教育出版社，2006.
3. 叶福云等著. 科学精神是什么. 南昌：江西高校出版社，2010.
4. 中国科协信息中心编. 弘扬科学家精神——走近100位科技工作者. 北京：中共中央党校出版社，2021.
5. 科学家精神丛书编写组编. 科学家精神（爱国篇）. 北京：科学技术文献出版社，2020.
6. 科学家精神丛书编写组编. 科学家精神（创新篇）. 北京：科学技术文献出版社，2020.
7. 科学家精神丛书编写组编. 科学家精神（求实篇）. 北京：科学技术文献出版社，2020.
8. 科学家精神丛书编写组编. 科学家精神（奉献篇）. 北京：科学技术文献出版社，2020.
9. 科学家精神丛书编写组编. 科学家精神（协同篇）. 北京：科学技术文献出版社，2020.
10. 《辉煌中国》编写组编. 辉煌中国 科技强国梦. 北京：中国科学技术出版社，2019.
11. ［法］皮埃尔·拉德瓦尼著. 居里一家：原子的先驱. ［瑞士］唐谦译. 北京：中国科学技术出版社，2017.

第三篇

科研规范与科研失信行为

科研规范作为科学研究的道德守则和操作指南，关乎研究的设计、实施及其成果的真实性。科研规范不只要求科研人员恪守道德责任、尊重研究对象的基本权利，还强调通过细致的数据管理和严格的学术发布准则来预防学术不端行为，进而推动科学研究朝着更可靠、更稳定、更高效的方向发展。与此相对，伪造数据、篡改成果、剽窃他人工作或不恰当的署名等科研失信行为，不但会阻碍我们探求科学真理，伤及学术声誉，还会削弱公众对科学的信任，侵犯研究参与者的权益，并给科学界带来严重的不良影响。因此，坚守科研规范，杜绝不端行为，是每位科研人员的基本职责。

1. 什么是科研规范

教育部 2010 年发布的《高等学校科学技术学术规范指南》将科研规范界定为：学术（科研）规范是学术共同体成员必须遵循的准则，是保障学术共同体科学、高效、公正运行的条件，它在学术活动中约定俗成地产生，并成为相对独立的规范系统[22]。换言之，学术规范是学术研究中的"标杆"与"准绳"，是指在学术界中被广泛接受并遵守的道德原则和技术规则，是以科研道德为基础，面向科学共同体，形成的兼具自发性与强制力的制度安排。这些制度旨在确保学术研究的真实性、公平性、透明性和高质量，维护和捍卫学术界的名声与信誉，有效促进知识的创新与传承。

一般意义上，科研规范是基于科研道德与共识的，具有稳定性、连续性的规制和安排，因而具有文化的意蕴，要求研究者自觉遵守和共同维护。同时，科研规范也需要与科学的发展和技术的进步相协同，在修订中坚守基本原则并保持连续性[23]。科研规范作为共同体的经验沉淀，科研者若忽视其重要性，未能培养严格的科研纪律和良好的研究习惯，不仅会影响科研工作开展的效率，误走迂回之路，更有可能让自身陷入科研失信的深渊，从此落入歧途，最终危及甚至断送自己的科研生涯。

专栏 3-1 默顿提出的科学的规范结构

（1）普遍性：强调真理面前人人平等，即科学真理标准的一致性。在对科学成果进行检验时，只能根据其内在价值来衡量，保证科学成果与观察和已经证实的知识相一致，而不应当受到种族、国籍、宗教、阶级、年龄，或者科学家的威望、地位及其他条件的影响和制约，更不应将评价者的喜好甚至于偏见带到评价过程中。

（2）公有性：强调科学知识是科学家群体的合作产物，是被全社会所共同拥有的知识，不是哪一位科学家自己所独有的。科学知识的占有、分配等实行公有主义，每一个科学家都应公布自己的科学研究成果，且其成果能为全社会所用。

（3）祛利性：要求从事科学活动、创造科学知识的人"为求真而求真、为科学而科学"。科学家不应当以科学牟取私利，科学研究的成果不是某些个人的、几个人的或是某一小集体的私利，而是全人类的福利。

（4）有条理的怀疑性：要求科学家要具备怀疑精神，无论在知识被确证之前还是之后，无论其来源怎样，科学家都应当不受权威或外界其他因素的影响，一以贯之地对所有知识保持高度审慎的怀疑态度，而不是无条件地接受。

2. 为什么科研诚信是最重要、最基础的科研规范

科研诚信是指科研工作者对待工作的诚实、正直、务实，恪守科学原则并尊重客观事实与科学规律的态度。美国学术诚信研究中心（The Center for Academic Integrity）明确将科研诚信定义为"即使在逆境中依然坚持诚实、信任、公正、尊重、责任和勇气的品质"。正如诚信之于普通人的要求，科研诚信彰显了科研工作者的基本职业道德与个人品性，是科研活动最重要、最基础的原则与规范。

科研诚信是科技创新的基石，科研活动离不开科研诚信。作为最重要和基础的科研规范，科研诚信在科学发展过程中的具体作用可以体现在以下几个方面：

第一，科研诚信是科学知识可靠性的保障。科研诚信作为道德准则，要求对数据和实验结果的真实性、完整性和透明性的承诺。只有真实且未被篡改、伪造或刻意删减的数据才能确保科学实验具有可重复性，且只有当其他研究者可以独立复现原始实验并得到相同的结果时，这个结果才被认为是可靠的，反之则会有造假的可能。只有真实的数据，才能为科学的持续发展奠定坚实的基础，进而形成稳固的科学知识体系。正

如蒲慕明院士在中国科学院学部第七届学术年会上所说,"诚信可以避免在创新工作时走错路,可以确保创新成果的可靠性"[24]。以生物学为例,这一领域的实验往往涉及复杂的技术手段和特定的生物材料。这些实验的方法、所用数据及其结论都需要被精确并详细地记录和报告。如果研究者对使用的方法或材料存在隐瞒或修改,其研究结果自然会面临被质疑其真实性的可能。特别是在药物和治疗研究中,这类研究可能会涉及潜在的商业利益问题。面对这种情况,科研诚信不仅要求研究者公开其潜在的利益关系,还要保证这些利益不会对研究的客观性和真实性产生影响。总体而言,科研诚信不仅是科学活动在道德层面的呼吁和倡议,还是科学研究的关键行为准则。在每个研究环节,从数据收集到实验设计,再到结果解释和论文发表,都必须贯彻诚信的原则,以确保科学方法得以正确执行,从而保证科学知识的真实性和可靠性。

第二,科研诚信是科研合作的基础。科研合作在很大程度上依赖于研究者之间的信任关系,科研合作的根基是研究者之间的深厚信任。科研诚信是塑造、维护和加深这种信任关系的重要途径。反之,若存在欺骗、隐瞒或造假等科研失信行为,则可能导致合作关系的毁伤和破裂。步入大科学时代后,科学研究的学科交叉和团队合作趋势愈发显著,众多研究项目必须依托大团队的协作和多方资源的整合运用。在这样的背景下,每次合作和共享都深深依赖于诚信这一基本原则。实际上,信任在任何合作中都是不可或缺的。对于研究者来说,他们需要确信其合作伙伴提供的数据、方法或技术都是真实可信的,从而确保研究的科学性、可行性与可持续性。同时，只有在诚信的基础上，研究者之间才可能建立长期、稳定的合作关系，这种关系对于大体量、跨领域、长周期的科研项目尤为关键。再者，在这个全球化的时代，科研诚信不仅是单一国家或组织的需求，而且是全球范围的科研合作所必需的支撑性要素之一。强调科研诚信，强化不同国家和地区的科研组织和群体之间的信任和协作力度，是助力国际科学界共同向前、不断进步的前置要求。

第三，科研诚信是建设科学纠错机制的前提。科学不是一成不变、固定的真理式教条，而是一个持续演化、创新和迭代的知识体系。鼓励合理的批判和持续的怀疑不仅能够推进科学的边界，还可以激励研究者对现有知识和理论提出挑战，激发新的研究方向和拓展新的科学疆域。这种开放和进取的态度有助于避免错误或陈旧的信息在学术领域中的滥用，加速新观点或新信息的吸纳和传播。同时，鼓励研究者对自己和他人的研究持开放的态度和批判的思维，这样的学术氛围更有利于发现并纠正错误，使研究更接近真实与精确。当研究者尊重诚信原则时，他们更容易接受外界的意见和建议，及时审视并修正自己的研究。一个健全的学术纠错机制能够及时发现并修正错误，这为科学的快速进展打下了坚实的基础，确保研究社群在一个互相尊重的环境中工作，从而维护科学知识体系的健康和稳定发展。因此，科研诚信对于科学进展的重要性远远超出了单纯避免学术不端行为"零容忍"的基准范畴，只有坚守科研诚信，并秉持合理的批判与怀疑精神，我们才能构建科学知识生产过程中的纠错机制，并促成一个风清气正的学术环境，共同营造一个充满活力的学术氛围。

第四，科研诚信是科学推动社会进步的内在要求。科学在人类历史上一直是推动社会进步的重要力量，奠定了人类文明发展与繁荣的根基。为了保证科学能在这一过程中最大限度地施展其潜能，科研诚信无疑是一个基本而关键的条件。只有真实的研究成果，技术创新和社会进步才能得以持续。只有建立在真实、准确的基础上，我们的技术创新和社会发展才能真正取得实质性的突破。无论是医疗、工程技术、环境保护还是社会政策，每一项社会决策都需要依赖真实可靠的数据作为支撑。篡改或捏造的数据不仅会造成资源无意义的浪费，更有可能带来无法预测的风险后果。在经济发展的背景下，科研诚信不仅推动了技术创新，还是现代经济稳健增长的关键。任何因缺乏诚信而造成的研究误区，都可能会误导企业的发展方向，造成不必要的经济损失。而在更为广义的层面，科研诚信不只是共同体内部科学研究活动的一种标准或规范，它更深刻地反映了社会对于诚信和公正的基本追求。无论是科研工作者还是社会公众，都应该尊重并践行这些核心价值。此外，不能忽略科研诚信在教育领域的重要作用。弘扬科研诚信的价值观念，可以帮助塑造和培育下一代青年学者的学术观念，影响他们未来的研究和决策。

专栏 3-2　青年长江学者与她"404"的论文[25]

2018年10月24日,《中国青年报·冰点周刊》发表了一篇文章,题为《青年长江学者与她"404"的论文》,在学术界和舆论场掀起了一场"风暴"。文章揭露的是某大学教师梁某在网上删除自己的中文论著,涉嫌学术不端,并在教学工作中敷衍怠慢的问题[26]。24日当天,该大学官方发布《关于梁某涉嫌学术不端等师德问题的说明》,立即责成相关部门按照规定和程序成立调查组进行调查核实。

记者调查显示,早在2017年,该大学内部就有人向社会学院举报梁某大批撤回自己的中文论文,但这一举报却没有得到充分重视[27]。梁某此前在接受采访时曾回应称,自己论文学术不端的情况只存在于学术生涯最早期,而当时她刚读研究生,不懂学术规范,"早年也没有检测软件,所以比较年少无知"。在解释撤稿原因时,梁某称是因为一些中文论文质量不太好,不想误导学生和年轻学者,因此选择主动撤稿。

2018年12月12日,该大学给予梁某党内严重警告处分、行政记过处分,取消梁某研究生导师资格,将其调离教学科研岗位,终止"长江学者奖励计划"青年学者聘任合同,并报请上级有关部门撤销其相关人才计划称号和教师资格。2018年12月30日,教育部已按程序撤销梁某的"青年长江学者"称号。

专栏 3-3　心肌干细胞的"幻梦"湮灭[28]

2001年，美国心脏病学家皮耶罗·安韦萨及其研究团队在《自然》上发表论文称，骨髓干细胞可以转化为心肌细胞，从而有助于心脏病的治疗。这一看法颠覆了当时科学家对于心肌细胞无法再生的共识，被一些人认为是具有突破性的科学成就。这项研究在心脏病研究领域产生了巨大的震荡，帮助皮耶罗·安韦萨获得了美国政府数百万美元的资助，并使其获得了哈佛医学院和波士顿布莱根妇女医院的职位。

但皮耶罗·安韦萨的这一研究成果从一开始就受到了其他研究人员的质疑，却一直未被彻底否定。从2013年起，哈佛医学院和波士顿布莱根妇女医院开启对皮耶罗·安韦萨的论著的调查。经过数年的调查，哈佛大学宣布皮耶罗·安韦萨及其研究团队的31篇论著存在学术造假的情况。

皮耶罗·安韦萨的欺诈行为对心肌再生领域造成了巨大的打击，导致建立在此研究基础上的大量研究成果付诸东流，造成了科研资源的严重浪费。有数据表明，自2001年以来，美国国立卫生研究院已经花费了至少5.88亿美元支持此类研究，而心肌干细胞的美好设想，到头来却只是一场幻梦而已。

3. 研究计划制定和课题申请中应遵守的规范

为了制定可行的研究计划,科研人员在前期需要做大量的准备工作,包括文献调研、选题确定、设计研究方案。那么科研人员在这些活动中应当遵循哪些科研规范呢?

首先,是在文献调研阶段需要遵循的规范:一是文献应可以准确地回溯到原始出处,以符合引用的规范;二是对文献做分类研究并做出综述,当自己的论文被质疑时,这些研究可以有助于解疑释惑;三是引用、翻译和归纳文献观点,包括引用电子资源时,也必须注意格式和规范使用。

> 鼓励探索,突出原创;聚焦前沿,独辟蹊径;需求牵引,突破瓶颈;共性导向,交叉融通。
> ——国家自然科学基金委员会

其次，是在选题阶段，通常要遵循四个方面的规范：一是首先要有科学依据，即开展研究前，需要以前人的研究成果作为立项依据；二是科学研究应有创新性，包括理论的创新和实践的创新；三是科研人员应当对科研活动中涉及伦理的问题自行进行评估，不符合伦理规范原则的就放弃研究，对自己不能确定的，需要向有关部门申请，不能擅自开展研究；四是选题必须是能够开展的，必须基于现有的个人能力和研究平台进行。

再次，是在研究方案的设计阶段，需要注意以下行为规范：一是对活体实验中的实验对象给予充分保护和尊重；二是选用适当的研究方法；三是设计可行的研究步骤；四是研究条件的安排应当实事求是。

最后，是课题申请阶段的规范。科技计划（专项、基金等）项目申请是严肃的工作，申请人应避免对评审过程有任何形式的干涉或产生不良影响。如发现存在申请人"打招呼"的问题，一经查实，相关项目将被中止评审程序；情节特别严重的，相关人员将被永久取消项目申请的资格[29]。

专栏 3-4　国家自然科学基金项目评审请托行为禁止清单[30]

为扎实开展评审专家被"打招呼"顽疾专项整治工作，更好地维护国家自然科学基金（以下简称科学基金）项目科学公正的评审环境，压实和规范科研人员、依托单位、评审专家、国家自然科学基金委员会工作人员等"四方主体"的责任和行为，大力营造风清气正的科研生态，推动基础研究高质量发展，依据《国家自然科学基金条例》《科学技术活动违规行为处理暂行规定》《国家自然科学基金项目科研不端行为调查处理办法》等，制定本清单。

一、科研人员禁止清单

（一）打探通讯评审和会议评审专家及名单。

（二）打探通讯评审和会议评审分组及评审结果、会议评审时间地点及讨论意见等不能公开或者尚未公开的信息。

（三）亲自或者委托他人向项目评审专家、管理人员等进行游说、说情、送礼、行贿等。

（四）接到会议评审答辩通知后至会议评审结束前，与项目评审规定回避关系以外的专家进行请教、咨询等学术交流和活动。

（五）实施或者参与"围会"行为。

（六）协助他人或者单位实施请托行为。

（七）法律法规禁止的其他行为。

……

4. 研究资源使用中的规范

科学研究中主要的资源包括但不限于时间、文献、实验数据、材料和设备、研究资金。对于上述科研资源的使用都应当遵循相关规范与伦理。

第一，合理利用和分配时间资源。时间是科研资源中较易忽视的一个重要成分，而研究活动通常是一个复杂和耗时的过程，需要充分利用时间来规划和执行，其合理分配和管理是实现科研目标的前提。时间资源的使用应做到合理规划，即合理分配时间进行文献阅读、实验设计、数据收集和结果分析等各个阶段的工作，避免拖延，遵循研究计划，避免不必要的延误，确保项目按时完成；平衡工作与生活，即科研人员需要合理安排工作和个人生活的时间，以保持工作效率和避免疲劳。在科研活动中进行合理的时间管理有助于提高科研效率，促进团队合作和增加灵活性。

第二，准确、正确使用文献资源。文献资源是科学知识的一种重要表现形式，为科研人员提供了先行的研究成果和理论基础，是创新和学术成长的关键。首先，在适当引用文献时要准确地引用原始来源，不论是文字、图表还是思想；其次，要避免剽窃，不能未经授权使用他人的学术成果。合理使用文献资源不仅有助于维护学术界的公平和透明，而且有利于追溯研究思路和确认原始的思想来源，评判相关学术贡献。

第三，确保研究的准确性和客观性。首先，要确保数据的真实性，不能伪造和篡改；其次，在数据不涉密的情况下，要保证原始数据和处理方法的公开透明，并存档备份，必要时其他研究人员可以进行验证或重复实验。合理形成、使用和保存科研数据有利于促进科学研究的真实性和客观性，增加科学研究的透明度和可靠性。

第四，合规高效地利用科研设备和经费。应确保实验材料和设备（包括相关技术和软件资源）是通过合法途径被合法采购，并公正分享科研活动中的实验材料和设备，不能把任职机构的设备资料用于外部咨询、研究等活动，或用于与学术目的无关的、被明确禁止的和其他私人目的和活动。在课题经费的使用上，应符合国家财务管理政策和国家科技计划与课题项目经费管理制度。要有目标相关性，经费使用应以课题的任务目标为依据，支出应与课题任务紧密相关，经费的总量、强度与结构等应符合研究任务的规律和特点。要有经济合理性，即课题经费应与同类科研活动的支出水平相匹配，提高资金的使用效率。科研人员还应在计划范围内使用研究经费，不得擅自挪用、滥用科研经费，更不得用科研经费谋取不正当利益。

专栏 3-5　过度引用他人文章

某高校研究生 2009 年提交的学位论文，因引用过多（第三章共计 1.5 万字，直接引用约 1.3 万字）被外审专家认定存在学术不端行为。学校根据外审意见，对该论文进行审核后，决定不同意为该论文组织答辩。这位同学对此非常不解，认为自己对所借鉴的成果进行了引用，不存在学术不端现象。

在学术研究中，对已有成果的了解是必需的，对已有成果的借鉴也是不可避免的，因此是否适当引用就成为判断抄袭或借鉴的关键。正确的引用包括两个方面的含义：一是引用就要对原出处进行明示；二是引用只能反映研究者对本研究领域已有研究成果的了解和借鉴，或反映已有成果与自己研究的关系，不能构成自己研究成果的主体内容。虽然人们对引用所占的比例应该是多少尚无统一尺度，但很明显的情况是，该同学所提交的学位论文的第三章直接引用内容占到 85% 以上，几乎全是别人的研究成果。因此，专家的意见是正确的，学校的处理决定是有道理的[31]。

专栏 3-6　李某学术腐败案[32]

2020 年 1 月 3 日，吉林省松原市中级人民法院公开宣判大学教授李某及同案被告人张某贪污一案，对被告人李某以贪污罪判处有期徒刑 12 年，并处罚金人民币 300 万元，对被告人张某以贪污罪判处有期徒刑 5 年 8 个月，并处罚金人民币 20 万元；对贪污所得财物予以追缴。

经审理查明：自 2008 年 7 月至 2012 年 2 月，被告人李某利用其大学教授、国家重点实验室主任、课题组负责人以及负责管理多项国家科技重大专项课题经费的职务便利，同被告人张某采取侵吞、虚开发票、虚列劳务支出等手段，贪污课题科研经费共计人民币 3756 万余元，其中贪污课题组其他成员负责的课题经费人民币 2092 万余元。上述款项均被转入李某个人控制的账户并用于投资多家公司。

松原市中级人民法院认为，被告人李某同张某利用李某职务上的便利，侵吞、骗取科研经费，数额特别巨大，李某、张某的行为均已构成贪污罪。鉴于近年来国家对科研经费管理制度的不断调整，按照最新科研经费管理办法的相关规定，结合刑法的谦抑性原则，依据李某、张某名下间接费用可支配的最高比例进行核减，对核减后的 345 万余元可不再作犯罪评价，但该数额仍应认定为违法所得，故被告人李某、张某贪污数额为人民币 3410 万余元。在共同犯罪中，李某系主犯，具有法定从重处罚情节，本案部分赃款已追缴，对李某可酌情予以从轻处罚；张某系从犯，且认罪悔罪，依法可对张某减轻处罚。法庭遂作出上述判决。

5. 研究数据收集、记录和保存中的规范

研究中的数据直接影响到研究成果，因此应当从源头上抓好数据规范。

第一，保证获得数据的透明度和准确性。首先，数据应是真实的而不是捏造和虚构的，每一步的数据收集过程需要详细记录，如使用的方法、工具和设备的校准、样本的来源和处理等，所有这些信息的记录应该足够详细并且完整，以便其他研究人员可以检查并复现实验。其次，不能为某种目的或获取利益对原始数据进行人为加工和篡改。最后，收集特殊数据应当事先获得授权许可。

第二，保证数据收集和记录过程中的数据完整性。研究过程中的所有数据，无论是正面还是负面结果，都应该完整记录和保存。这也包括初步数据、修改和最终版本。数据完整性有助于确保科研过程的公正和透明。保存所有数据，包括未达到预期的数据，可以促进全面和准确的分析，并防止选择性报告。数据记录应当与数据的获得同步。数据记录必须精准，必须严格按照有关程序和规则记录数据。

第三，注重数据相关的保密和隐私保护。涉及敏感信息，如医疗记

录、个人身份等的数据应当进行适当的加密和访问控制。必须遵循相关法规和伦理准则，保护参与者的隐私。保护隐私和保密是维护参与者权益和信任的基础，也是合法收集和使用数据的前提。

第四，注重原始数据的储存。数据的合适存储和备份确保了研究成果的持久性和可访问性。数据需要以可访问和安全的方式存储，并定期进行备份。存储和备份方案需要考虑长期访问，避免由于技术变化或其他原因导致数据的丢失和损坏。还应做好数据保存相关事项的预先协议，遵守数据保存期限，不应有意隐蔽数据。

专栏 3-7　斯坦福大学校长的"操纵数据"争议[33]

马克·泰西耶-拉维涅（Marc Tessier-Lavigne）是斯坦福大学第十一任校长，是一位加拿大裔美国神经科学家。他的贡献获得了众多奖项和荣誉的认可，包括当选为美国科学院院士、美国医学院院士等。

然而，2022年11月29日，《斯坦福日报》发表报道称，"斯坦福大学校长马克·泰西耶-拉维涅与他人合著的一篇论文被公众指控包含多张被篡改的图片，一家知名研究期刊向斯坦福日报证实，该期刊正在审查这篇论文是否存在科学不端行为"。自此，这位阿尔茨海默病研究领域的著名神经科学家和学术"明星"跌落神坛，深陷学术信任危机。随后，2022年12月，斯坦福大学董事会召集了一个由其成员组成的特别委员会，负责监督对拉维涅署名的科学论文相关问题的审查。拉维涅被迫接受一项长达八个月的涉嫌学术不端调查，最终被认定其研究团队存在严重的数据以及图片操纵行为。由校方董事会委托展开的独立评估发现他以前的神经学研究存在"严重缺陷"，其本人因此不得不辞去斯坦福大学校长职务。在拉维涅辞职生效的同一天，国际学术期刊《科学》在线发表了两篇几乎相同的撤稿声明：拉维涅作为通信作者的两篇研究论文被主动撤回[34]。

虽然没有证据表明拉维涅直接参与操纵数据，但审查委员会得出结论，在五篇论文中，至少有四篇明显存在其他人对研究数据的操纵。他本人不承认自己有任何学术不端的行为，并声称自己没有"欺诈或伪造科学数据的行为"，但"为了大学的利益，决定辞去校长职务"。

6. 研究数据使用与共享的规范

在研究成果被正式发表或公开宣布并确立优先权之前，科研人员有权独占并使用已经得到确证的数据。一旦科研人员将实验结果公开发表，其他人就可以自由地获取实验涉及的所有数据，包括最终结果，以便于检验和使用。在这个过程中，也要遵循相应的规范。

第一，应当保证原始数据的真实性，并保证图像是对数据的真实体现。第二，论著中的数据图像必须是原始记录的完整体现。第三，在使用第三方或共享数据时，必须严格遵循所有相关的使用许可和协议，这可能涉及数据来源、使用的限制和有关隐私和安全的特定要求，如他人制作完成的数据图像应当在论著中予以说明。第四，应当熟知和合理运用现有相关处理数据的计量方法，避免数据挖掘和结果的选择性报告，所有分析步骤、使用的算法和软件版本都应该详细记录并报告。第五，应当预先了解拟投稿的相关出版社或期刊的数据和图像处理规范或相关指南。第六，数据应仅用于其收集和许可的目的，并应考虑其背景和局限性，特别是涉及人类参与者的数据，其使用应符合伦理审查的指导原则和许可。

专栏 3-8　科学数据管理办法[35]

2018年3月17日，国务院办公厅印发《科学数据管理办法》（以下简称《办法》），从国家层面发力补齐科学数据管理短板，加强科学数据全生命周期管理，确保数据安全；按照"开放为常态、不开放为例外"共享理念加大科学数据共享力度，提升科学数据的增值效益，激发科学研究原始创新活力[36]。

科学数据是国家科技创新发展和经济社会发展的重要基础性战略资源。近年来，随着我国科技投入不断增长，科技创新能力不断提升，科学数据呈现"井喷式"增长，而且质量大幅提高。海量科学数据对生命科学、天文学、空间科学、地球科学、物理学等多个学科领域的科研活动更是带来了冲击性影响，科学研究方法发生了重要变革。科技创新越来越依赖于大量、系统、高可信度的科学数据，我国在科学数据开发利用、开放共享和安全保护等方面还有很大改进空间。

《办法》贯彻落实党的十九大精神，以习近平新时代中国特色社会主义思想为指导，深刻把握大数据时代科学数据发展趋势，充分借鉴国内外先进经验和成熟做法，加强科学数据全生命周期管理，把确保数据安全放在首要位置，突出科学数据共享利用这一重点，创新体制机制，聚焦薄弱环节，加强和规范科学数据管理，对进一步提升我国科学数据工作水平，发挥国家财政投入产出效益，提高科技创新、经济社会发展和国家安全支撑保障能力具有重要意义。

《办法》明确了我国科学数据管理的总体原则、主要职责、数据采集汇交与保存、共享利用、保密与安全等方面内容，着重从五个方面提出了具体管理措施。一是明确各方职责分工，强化法人单位主体责任，明确主管部门职责，体现"谁拥有、谁负责"，"谁开放、谁受益"。二是按照"分级分类管理，确保安全可控"的原则，主管部门和法人单位依法确定科学数据的密级及开放条件，加强科学数据共享和利用的监管。三是加强知识产权保护，对科学数据使用者和生产者的行为进行规范，体现对科学数据知识产权的尊重。四是要求科技计划项目产生的科学数据进行强制性汇交，并通过科学数据中心进行规范管理和长期保存，加强数据积累和开放共享。五是提出法人单位要在岗位设置、绩效收入、职称评定等方面建立激励机制，加强科学数据管理能力建设。

7. 科学研究交流与合作中的规范

学术共同体的成员往往具有相近的研究背景和共同的研究兴趣，并在开展科研活动的过程中频繁开展学术交流。要在各种交流活动中推进共同进步，同时又不损害他人正当的科研利益，就需要遵循相关的行为规范。

首先，要保持诚信和真实。科学研究交流与合作的基础在于诚信和真实。这意味着在研究和交流中必须如实反映研究数据、结论和方法。所有合作伙伴都应透明地共享不涉密的信息并承认彼此的努力和贡献。对于研究中可能存在的错误或不确定性，也应进行充分和公开的讨论。任何形式的科研失信行为，如剽窃、造假或篡改数据和请托，都应得到严肃处理。诚信和真实不仅促进了研究的公信力和质量，还有助于建立和维护科学共同体内部的合作关系，确保科学研究的持续和健康发展。

其次，要尊重知识产权和保护隐私。这包括不滥用或非法共享合作伙伴的数据和研究成果，遵循有关专利和版权的法律规定，并尊重率先报道最新发现的科研人员及其优先权。此外，必须保护涉及个人隐私和敏感信息的数据，并遵循有关数据保护的法律和伦理要求。知识产权和隐私的尊重有助于维护合作关系的信任和尊重，同时确保合作的合法性和道德性。

再次，要促进开放和包容。开放和包容是科学交流与合作的关键原则。这意味着鼓励多样性和多元化的观点和参与，且表现在学科、文化、性别或职业阶段等多方面。开放和包容的合作鼓励创新和创造性，促进了不同背景和专长的人们之间的交流和学习。这一原则还要求合作活动应对所有参与者公开和透明，并鼓励公共参与和交流，坦诚接受他人的批评和质疑。开放和包容的合作有助于建立更广泛和有活力的科学社区，推动科学知识和技能的传播和发展。

最后，科学交流与合作必须遵循有关法律和伦理的准则与要求。这可能涉及确保研究的道德与伦理审查、遵循有关人类和动物研究的伦理指导原则、符合环境和安全规定等。此外，还应考虑文化和社会的伦理要求，如对土著和当地社区的尊重和参与。遵循法律和伦理要求有助于确保科学研究的道德和社会责任，促进科学与社会的和谐关系。

专栏 3-9　欧盟出台《关于国际研究与创新合作宣言》[37]

2022 年 3 月 8 日，欧盟理事会轮值主席国法国，召集欧盟和参与第九期研发框架计划"地平线欧洲"的欧洲经济区、欧洲自由贸易联盟成员国主管研究与创新的部长，以及欧盟创新、研究、文化、教育和青年专员齐聚马赛，共商如何步调一致地与第三方国家开展国际研究、创新和高等教育合作，全力确保"地平线欧洲"计划顺利实施。与会代表就新时期欧洲开展国际合作的政策框架、主要原则和价值观、多边对话机制等议题达成诸多共识，形成欧盟《关于国际研究与创新合作宣言》(《马赛宣言》)。其中，欧盟开展国际研究与创新合作的主要原则和价值观包括以下 9 个方面。

1. 科学研究自由

根据欧盟《关于科学研究自由的宣言》(《伯恩宣言》)、《关于学术研究自由的宣言》(《罗马宣言》)等相关宣言，科学研究自由指有自由定义研究问题（选题）、使用合理的科学研究方法或挑战已有思想（理论）并提出新思想（理论）的权利。欧盟及其成员国在研究、创新和高等教育领域开展的所有国际合作均注重促进和保护研究人员的科学研究自由和学术自由。研究人员享有公开分享、传播和发布其研究活动结果和数据的权利，以及与具有代表性的专业或学术组织建立合作关系的权利（该权利不应受其工作系统、相关审查制度以及政府或机构歧视等不利因素的影响）。

2. 伦理和诚信

虽然研究人员拥有科学研究自由，但研究人员应以合乎伦理和负责任的方式、以严谨和正直的态度开展科学研究工作。欧盟及其成员国承诺在国际科学和学术合作中考虑伦理问题，尤其是当研究工作涉及人类、动物或环境实验主题时，研究和创新项目必须事先通过伦理道德及独立透明的同行评审。科研诚信包括可靠性、诚实、尊重和责任等要素。只有倡导科研诚信、打击伪科学与虚假错误信息的扩散，才能确保研究成果的可靠性、透明性和可重复性。欧盟及其成员国呼吁研究人员遵循欧盟科研诚信准则。

3. 卓越研究

欧盟及其成员国将卓越研究视为国际研究与创新合作的主要推动力。卓越研究取决于研究本身的质量与附加值、科学方法的严谨性以及研究问题选择与定义的准确性，遴选研究问题时要着重以创造新知识或应对全球共同挑战为主。卓越研究必须经得起伦理道德和科研诚信的评估与审查。为促进卓越研究发展，欧盟及其成员国鼓励研究人员自由交流知识。

4. 男女平等

根据 2021 年 11 月 26 日通过的《卢布尔雅那宣言》要求，欧盟及其成员国倡导和促进男女职业平等，尤其是就业机会平等。

5. 开放科学

欧盟及其成员国将竭力通过颁布实施战略规划、营造环境等方式，尽可能地推动科研出版物免费获取；研究数据、算法和源代码的整合、结构化和开放共享；科研基础设施对外开放等。

6. 知识产权和个人数据

欧盟及其成员国鼓励和促进以推动实现知识的经济和社会价值为目的，加强全球工业与知识产权、个人隐私和个人数据保护。

7. 价值创造和经济社会影响

欧盟及其成员国充分认识到基础研究的重要性，强调科学、技术和创新在应对社会挑战方面发挥的关键作用，为个体和集体制定循证决策过程中提供产品、服务、流程、解决方案和科学知识。

8. 社会与环境责任感和团结意识

欧盟及其成员国通过研究、创新和高等教育的国际合作满足社会需求，扩大欧盟集体能力并获得更大、更有利的社会与环境影响。欧盟及其成员国承诺在国际合作中促进利益相关者、当地社区和公民参与国际合作政策的设计与实施。

9. 风险和安全管理

欧盟及其成员国将采取一致性的预防举措（涉及科研安全、工业与知识产权、个人隐私与数据保护等），旨在共同应对和管理国际科学研究、技术创新和高等教育合作过程中遇到的风险，确保欧盟国际科研与创新合作安全。欧盟及其成员国应从欧盟委员会于 2022 年 1 月份发布的《应对科研与创新外国干扰》报告中吸取经验，加强国家合作过程中的风险与安全管理。

8. 文献引证应注意的问题

我们对前人的科学研究成果应当批判地吸收和借鉴，但是借鉴的形式需要规范。国家标准化管理委员会在 2015 年 12 月发布并实施了《信息与文献　参考文献著录规则》(国标编号：GB/T 7714—2015)，在国内出版的论著文献可以参考这一标准。在进行投稿时，出版社和期刊通常也会在国家标准基础上制定出自己的著录规则。通常情况下，引用已经发表的论著或文章无须经过该文作者的授权。但对于那些未正式发表的资料，应充分尊重所有者的意愿，未经所有者的许可，不应随意引用。要特别尊重别人未发表的文章初稿、原创思想和粗略想法。

专栏 3-10　引用时需要避免的七种行为

第一种，著而不引。这是一种非常常见的现象，一些作者把原作者的研究进行改头换面，再用自己的语言叙述出来，并当作自己的论述而不注明出处。这种行为虽然在表达上可能是作者自己的话，实际上，作者只是挪用了别人的观点、想法或理念，并不是作者自己的研究，所以是一种剽窃行为。

第二种，引而不注。利用引注或者改写/转述引文，并以之构成自己论著的主要部分或核心内容，即为引而不注。这种对引注的不恰当或过度使用，也是一种剽窃行为。

第三种，有意漏引。在引用文献综述特定领域的研究或者佐证自己的研究时，应当公正地涵盖已有的研究，如果为了减少工作量而故意不去查阅一部分文献，或者只选择对自己研究有利的研究，或者为了突出自己研究的意义而不提及某些已有研究，等等，均为有意漏引。这些行为是不负责任的，甚至是对读者的不诚实和欺骗。

第四种，过度他引。引文应当是作者在撰写论著时确实参考或引用过的文献，如果为了给人一种阅读了大量文献资料、研究基础扎实的印象，而故意在论著中加入大量实际没有参考或引用过的，或者与本文论题根本不相干的文献，做不相关引用、无效引用，就是过度他引了。这是一种伪注，不仅是对读者的欺骗，还会导致荣誉的错误分配。

第五种，不当自引。作者撰写论著时，出于提高引用率或扩大影响等目的，不必引而偏引，进行不必要的过度自我引用。过度自引不仅发生在某些作者身上，还出现在一些学术期刊上，如为提高期刊影响因子，动员作者多引用该刊的论文。这是带有欺骗性质的行为。

第六种，相互引用。引用应当完全出于学术目的，但有一些作者为了提高彼此的引用率，采取"团体作战"的方式，在小团体之间进行，以提高彼此引用率为目的的相互引用。这样做即使提高了引用率，也是圈内相互消化的结果，并不体现真实的引用率和论文质量。这是一种作假和欺骗行为。

第七种，模糊引注。为逃避被指责为抄袭的可能，一些论著在直接引用了他人的相关文献后，并不标出具体的引文出处，如分册数、页码等，而是将它们笼统地放在文后参考文献，从而给人在总体上只是参考了某一文献的印象。

9. 研究成果署名规范应注意的问题

尽管各学科领域和期刊关于成果署名的要求存在差异，但遵从基本规范。

第一，对文章有实质性的贡献，应当列为作者的人，其署名权不能以任何理由被剥夺，也不得将其排除在作者名单之外，应本人要求或保密除外。

第二，对文章有实质性的贡献，应当列为作者的人，如果他们在著作或论文撰写、投稿或评审期间丧失行为能力或者去世，他们仍然应当被署名为作者，也即其署名权应当受到保护，其他相关人员不能以任何理由剥夺。

第三，署名不能受到职位、职称、学历等因素的影响，任何人不能以拥有科技资源和条件（如研究经费、稀缺实验试剂、精良实验设备或难以公开检索到的资料等）为手段，迫使那些因缺乏研究条件而与其合作的科研人员"自愿"或者被迫出让署名权。

第四，只参与申请研究资助、收集数据、提供实验条件、提供资料或写作上的协助，或者对研究小组进行一般性的管理和监督等的人，是不符合作者身份的，不能享有著作权或署名权。

第五，不符合作者署名要求但对研究工作作出了贡献的个人或者组织，应当以适当的方式予以确认，且事先获得他们的书面同意。一般可以放在著作与论文的致谢中，并对他们的工作加以说明。

此外，一项研究的负责人，或者论著的作者，尤其是第一作者或者通讯作者，应当杜绝如下现象。

（1）虚构作者。这种作者与论著中的研究没有直接的关系，但是一般是有名望的科学家或者某个领域内的权威。因为他们能够提高著作出版或论文在著名期刊上发表的机会，或者提高论著潜在的学术地位，从而增加被检索、阅读的机会，提高引证率，而被列入作者名单。

（2）荣誉作者。这种作者可能为该研究提供了资金资助，可能是该学术领域的领军人物，可能为研究提供了实验材料，也可能仅仅为其他作者提供帮助但并未真正参与该研究，他们并没有对研究作出符合作者身份要求的贡献。

（3）互惠作者。这种作者的出现常常是源于这样一种情况，即同行、同事、同学为增加论文篇数以达到绩效考核标准，或获得职称晋升，或得到其他回报，而彼此之间建立互惠协议，相互"搭车"，在对方的论著中相互署名。这种作者对论著中的研究工作没有实际的贡献。

（4）权势作者。这种作者可能是进行论著中的研究所在机构的领导或项目主管，或者是主要作者的导师，他们对其他作者或其研究有领导责任，但是与论著中的研究没有直接的关系，其他作者出于主动——也许是出于讨好，也许是不了解规范，或者因为被迫而署上他们的名字。

专栏 3-11　负责任署名——学术期刊论文作者署名指引

中国科学技术信息研究所与约翰威立国际出版集团于 2022 年 12 月 29 日在北京共同发布《负责任署名——学术期刊论文作者署名指引》蓝皮书（以下简称《负责任署名蓝皮书》）[38]。《负责任署名蓝皮书》以中英文双语形式呈现，同时向国内外出版界、科学界和科技管理部门发布和推广。该蓝皮书是一部行业规范性质的文件，对学术期刊论文署名所涉及的概念及其定义进行界定，同时对相关利益主体在学术论文创作、出版、传播链条中各环节应该履行的最佳行为实践提供一个基本原则的框架，希望能够引导出版界、科学界和科技管理部门就作者署名相关概念和行为规范化的问题进一步形成共识。《负责任署名蓝皮书》是中国科学技术信息研究所构建的国际学术合作网络框架下形成的成果之一。这项工作是我国信息机构与国际顶尖学术出版机构联合为全球学术出版行业制定规则的有益尝试，是践行参与全球科技治理，主动发出中国声音的积极探索。

《负责任署名蓝皮书》的主要目标如下。

（1）定义学术论文署名活动中的概念与角色。对学术期刊论文出版各个环节中所涉及的主要概念和角色进行梳理和定义，消除在一定范围内存在的误解并避免误用。

（2）引导相关利益主体就规范化署名行为达成共识。明晰相关主体在学术期刊论文准备、写作、投稿、评审、出版、传播各环节应该履行的最佳行为实践，提供详尽、规范的署名指导，凝练共识，促进学术论文署名的规范化建设。

（3）防范署名不端，加强诚信治理。以防范署名不端行为作为切入点，加强科研诚信意识教育，推进学术诚信治理，净化学术风气，推进科研活动有序开展。

10. 论著投稿与发表应遵守的规范

第一，一般情况下，作者在投稿之前，就应了解出版社或期刊的有关投稿和发表方面的规定，判断自己的研究是否达到相关规定，以及准备投递的稿件是否适合。

第二，基于同一项研究的、具有密切继承关系的研究成果可以分投不同期刊，但一般需要向期刊做出明确的说明。如果作者希望将已经投稿的稿件转投另一个期刊，必须经过稿件所有作者一致同意并正式撤回稿件，且只有在接到原投稿期刊承认撤回的书面通知后，才可以把稿件投给别处。同时，作者应该保留通知的副件，以备查用。

第三，对于允许以另一种语言发表同一著作或论文的出版社或期刊，作者应当遵守首发出版社或期刊的相关规定或者与首发出版社或期刊之间的事先约定协议，只有取得其同意，作者才可以将论著从一种语言文字转换成另一种语言文字，以不同的语言先后发表，并在显著位置注明原始论著的刊载处。同时，以不同语言发表的同一著作或者论文只能计算为一项研究成果，不能重复统计为多项成果。

作者在投稿时应当避免发生的行为，主要包括以下几种情况。

（1）拆分发表。又叫"腊肠式"发表或琐碎式发表。即以应付考核或职位晋升为目的，或者为增加发表物的数量，或者为解决作者排名问题而扩充发表文章数目，有意将一篇基于同一组数据的、内在为整体的文章分割为若干部分发表。其结果是每篇论文都不够完整，降低了论文的质量并破坏研究工作的系统性、科学性、完整性、逻辑性。

（2）发表不成熟的研究成果。科研人员在研究工作接受评审之前，就急于公开发表相关的、不成熟的研究报告，或者科研新发现在向本专业领域的同行报告之前，就向公众媒体公开发布。除非有明显证据显示该项研究及其结果关乎国家和公众安全，这些行为均属不当，有些甚至导致行为不端。

（3）一稿多投。作者将同一篇论文，或者基于同一组数据资料而只有微小差别的论文投向多家出版社或期刊，或者在收到第一次投稿期刊的回复之前（期刊回复期内）再投给其他的期刊，而又故意不说明和有意隐瞒的，或者将同一篇手稿同时提交给多家期刊审核的，均属一稿多投。目前在我国，一稿多投最常见的有两种形式。一是先向国外较著名期刊试投，同时又向国内期刊投稿，但不加说明；一旦为国外期刊所接受，便借故将稿件从国内期刊撤回。这是一种以争取在国外期刊或影响因子较高的期刊发表，而不惜损害国内期刊利益的投机行为。二是将同一稿件同时投到两个甚至多个国内刊物，以达到一稿多发的目的。

（4）重复发表。即作者将已经出版、发表的论著，全部或部分，原封不动或仅作细微修改后，就再次投稿；或者将多篇已经发表了的论文，各取其中一部分"嫁接"成一篇论文后再次投稿。

科研成果发表过程中难免会出现疏漏或者错误，发表者有义务及时根据错误的性质实施有效的补救措施，如勘误、补遗、声明或撤回论文。

专栏 3-12　学术论文的"一女十嫁"[39]

据媒体报道,一篇名为《中国居民收入差距的演变——基于金融深化视角的实证研究》的文章竟然在 2008 年被发表在 10 家不同的学术刊物上,这 10 篇文章的 3 个关键词、前 4 个小标题、7 个图表完全相同,最后所提出的两点基本结论和 3 点政策意见也基本相同。

通过对这 10 家期刊社收稿和发表时间的调查发现,10 篇论文的发表时间分布在 2008 年 2—6 月,刊物收稿时间则分布在 2007 年 12 月 6 日—2008 年 3 月 15 日。

有学者认为,一稿多投"原则上是不允许的,但有一些例外"——一是实际上需要,且出于出版或发行方的需要;二是已经由作者改写以适应不同层次读者需要。"但这类情况至多两用或三用",然而一稿十投"无论如何是不应该出现的,属严重学风不正行为"。而且,根据其发表时间来看,间隔时间较短,属于恶意的一稿多投。此类行为严重违背了科研规范,应该被杜绝。

11. 科研失信行为及其主要表现形式

近年来，科研失信行为随着大量学术丑闻与越轨事件的出现而备受关注。早在1995年，美国科研诚信办公室（the Office of Research Integrity，ORI）对"学术不端行为"（misconduct in science，或称scientific misconduct）给出较为明确的定义，即"在提出、执行或审查研究或报告研究结果时涉及伪造、篡改、剽窃行为，或者严重背离科学界普遍认同的其他行为"[40]，并推动了全球相关的制度化建设。随着时代与技术的发展，加之不同国家地域文化的影响，各国以及各个国家部门在界定具体行为是否属于科研失信行为时存在一定差异，但遵从的科研规范与科学精神高度相似，均将在进行科学研究过程中违反基本科学诚信与学术伦理的行为称为科研失信行为。从国内外情况看，科研失信行为的认定主要有以下三点主要条件：第一，有违反科学界通用道德标准，或严重背离相关研究领域规范的行为发生并证据确凿；第二，行为人存在主观故意，不端行为是蓄意的、明知故犯的或是肆无忌惮的；第三，不端行为已经或将造成严重的损失后果[41]。

信息技术的快速发展，致使如今的科研失信行为变得更加多样而隐蔽，主要的表现形式集中在三类科研失信行为上，即伪造、篡改、剽窃。这三类行为是最为典型的科研失信行为，在世界主要国家学术界均被严格禁止。有学者称这三类行为为科学研究中的"三大主罪"。

伪造是指按照某种科学假说和理论演绎出的期望值，无中生有记录虚假的观察与实验结果，从而支持理论的正确性或者确认实验结果的正确性，无视真实的实验与数据的一种行为。它突出了学术伪造者为对科学规律和实验结果的不尊重及其按照个人主观意愿捏造事实的科研越轨行为。具体来看，伪造行为既包括科研申请阶段中的虚构发表论文、专利、成果与履历等，也包括科研过程中凭空编造、虚拟实验数据、样本、结果或事实、证据来作为理论证明论据的行为。

篡改是指在科研过程中，用作伪的手段操纵研究材料、设备或过程，随意更改、取舍研究数据或实验，从而使研究结果符合自己的研究结论期望的一种行为。篡改违背了科研规范中的一个基本要求，即忠实记录和保存原始数据。仅依照个人主观意愿对科研结果横加干预，其实验结果必然不具有准确性与可重复性。常见的篡改行为主要包括两种表现形式：一是篡改数据，主要指以一些实验结果为基础推测实验结果，对另一些与推测结果不同的实验结果、实验记录和图片进行修改；二是拼凑数据，主要指按期望值主观取舍、任意组合实验结果，或者把与期望值不符的实验结果删除，只保留与期望值一致的实验结果。

剽窃是指全部或部分地照抄、挪用他人的科研想法、过程、结果或论文而不给予适当署名的欺诈行为。它不仅包括对他人作品字句、内容的直接使用，也包括将他人学术论著的思想、观点、结构、体系等元素作为自己论著的基本元素加以使用并发表的行为。剽窃行为通常表现为不注明学术思想、学术观点的出处来源而随意使用他人学术作品并将其作为自己的科研成果，是严重侵害他人著作权的违法行为。根据《中华人民共和国著作权法》第四十七条规定，剽窃的法律后果是"应当根据情况，承担停止侵害、消除影响、赔礼道歉、赔偿损失等民事责任"。

专栏 3-13　黄禹锡造假事件

黄禹锡，韩国著名生物科学家，曾经担任首尔大学兽医系首席教授。2004年2月，黄禹锡在《科学》杂志上发表了关于全球首例成功克隆人类胚胎干细胞的论文，成为当时备受关注的头条新闻。2005年5月，黄禹锡又在《科学》杂志上发表论文，宣布他的研究小组利用多名患者的体细胞成功克隆出11个干细胞系，这一成果被视为人类治疗性克隆研究领域的重大突破。这一系列成果震惊了韩国，也震惊了世界，受到学术圈内外多家机构和媒体的广泛关注和报道。作为"克隆先锋"，黄禹锡成为国际生命科学领域的学术带头人，也让他成为韩国的民族英雄。

2006年1月10日，随着韩国首尔大学关于黄禹锡论文造假事件最终调查结论的公布，黄禹锡论文造假事件得到确认。经调查证实，黄禹锡发表在《科学》杂志上的干细胞研究成果均属子虚乌有，黄禹锡论文造假丑闻令科学界震惊。在首尔大学的调查结果公布之后，美国《科学》杂志随即于1月12日正式宣布，撤销黄禹锡等人于2004年和2005年在该刊发表的两篇被认定造假的论文，同时通告科学界，两篇论文所报告的研究成果被视为无效。首尔大学撤销其教授职务并随后将他辞退。紧接着，韩国政府也取消了授予他的"最高科学家"称号，并免去他担任的一切公职[42, 43]。2009年10月26日，由韩国法院裁定，认定黄禹锡侵吞政府研究经费、非法买卖卵子罪成立，被判2年徒刑，缓刑3年。

专栏 3-14 "学术新星"屡次"塌方"

朗加·迪亚斯（Ranga Dias）是罗切斯特大学一位专攻凝聚态物理学的助理教授。2020年1月，朗加·迪亚斯团队报告实现了在15℃下的碳氢硫化物超导，压强则需要267GPa（1GPa=10kbar），这是人类首次实现室温超导。如此壮举使其本人迅速成为国际超导研究界的"明星科学家"，引发了学界内外的广泛关注。相关论文发表了在了当月的《自然》杂志上，并登上了封面，一度引起轩然大波，但实验结果倍受质疑。最终，朗加·迪亚斯团队的论文在2020年9月26日被《自然》杂志撤稿，理由是研究人员在研究关键数据处理、分析的有效性上存在违规行为。2023年3月，朗加·迪亚斯等人的近常压室温超导新论文再次在《自然》发表，9月编辑部提醒读者："本文中提供的数据可靠性目前存在疑问。"在此期间，又有一篇论文被《物理评论快报》（Physical Review Letters）撤稿。同年4月，另据《科学》报道，朗加·迪亚斯在华盛顿州立大学的博士论文中高达21%的内容存在抄袭行为[44, 45]。

专栏 3-15 "英译中"与"换马甲"[46]

2022年11月2日,有网友发帖举报称,他的论文被某大学一位本科生抄袭,该学生在《当代化工研究》2022年第15期发表论文,其图表以及表述内容和他在2019年发表于英文SCI期刊《纳米材料化学》的论文内容一致,且该学生还获得保送推免资格。

举报人表示,他感到十分震惊,虽然内容有所删减,但是抄袭简直明目张胆,直接把他的论文翻译了一遍。有记者比较两篇论文发现,从摘要、实验方法、实验材料来源、实验数据到结论均高度相似。其中2019年发表的论文中,实验材料分别来自苏州碳丰石墨烯科技有限公司、成都科隆化学有限公司和天津市恒兴化学试剂制造有限公司,2022年发表论文中的实验材料同样来自这三家公司。2019年的论文参考文献共53篇,2022年发表论文参考文献共10篇,均与前者重合。

对此,被举报人辩称,这篇论文与保研没有关系,自己是受害者,都是论文辅导机构的责任。2022年7月,他联系了论文辅导机构,但对方完全没有告诉他这篇论文是从英文翻译过来的,版面费花了几千元。9月份学校启动了保送程序,这篇论文发在普刊,对保研也没有加分。2022年11月7日,大学认定了购买论文的不端行为以及侵占他人学术成果的事实,并给予该学生"留校察看"处分。

12. 当代科研失信行为有哪些新的特点

近年来，科研领域的学术不端行为呈现多种新特点。一方面，随着科研技术的发展和数据处理工具的普及，数据造假手段变得更加隐蔽，不仅是简单的伪造数据，还涉及数据处理和分析的操纵。而互联网的便利性也为论文代写、剽窃、多次提交同一稿件等行为提供了条件。另一方面，跨国科研合作的日益频繁使责任和归属变得模糊，导致不端行为难以追踪。此外，现代科研评价体系过于追求数量，导致科研人员为了发表而不择手段。同时，缺乏对科研诚信的教育和对实际应用价值的忽视也助长了这一现象。这些新的学术不端特点要求我们从不同维度对其进行预防和治理，真正构建健康、公正的科研生态。当代科研失信行为具有以下一些新的特点。

第一，学术造假的技术介入程度加深。随着大模型和复杂的计算机算法在科学研究中的广泛应用，我们面临双重的挑战。一方面，这些先进的工具为学术研究带来了前所未有的机遇；但另一方面，它们也可能被用作学术造假的工具。模型和算法的复杂性使在参数或运算中的微小调整都可能导致结果的巨大偏差，这种微妙的变化很容易被忽视，从而为学术不端行为提供了掩护。由于大模型的计算需求庞大，其他研究者很难复现这些结果，这无疑增加了学术不端行为的隐蔽性。而复杂的机器学习模型往往被视作难以透视的"黑箱"，这给那些试图隐藏不端行为的人提供了机会。此外，伪造模型验证也开始浮现水面，与传统的数据伪造策略类似，但更为微妙。研究者可能会调整或修改模型的验证结果，使其表现看起来比实际情况更加出色。

第二，数据造假更隐蔽复杂。随着科研方法的更新，数据处理和统计分析工具的普及，造假方式变得更加隐蔽和复杂，不再是简单的杜撰数据，更涉及数据处理和分析方法的操纵。数据造假具有一定的隐蔽性，很难通过查重系统检测出来[47]。例如，从无到有地编造添加数据；将真实数据中不符合自己预期结论的数据删掉；将不利于论文发表的数据删掉；将自己无法解释的有效数据隐瞒；多次进行统计测试，只报告正面结果、操纵分析方法以达到预期结论等手段。这需要研究者有较高的统计学知识，也更难被发现。另外，图片处理技术的发展也使图表图像可以进行美化或修改，难以分辨真伪。为了维护科研诚信，需要保持科学谨慎的态度，提高同行评议的规范性，并采取更严密的结果复核制度，从流程上预防造假行为的产生。

第三，论文代笔现象更严重。"科研造假"中，最常见的行为还是"论文代写"[48]，互联网的发展使论文代笔变得极为容易，一些学术不端的作者可以轻易地在网上找到代写者，这使论文代笔现象层出不穷。许多论文代笔平台应运而生，公开提供论文写作代理服务。客户只需要付费，就可以取得学位论文或期刊论文，大大降低了论文作假的门槛。同时，这种代笔论文往往通过抄袭或重复其他学术成果获得内容，不具原创性，也未经过适当的学术训练。大量论文代笔严重扭曲了学术评价体系，同时也损害了科研的质量。这需要相关部门加强监管，制定更为严格的论文查重规范，加大对代笔平台的打击力度。同时，也需要引导广大科研工作者坚守学术诚信，保证论文原创性。

第四，团队作弊现象增多。大型科研项目的增多使团队作弊现象有所增加。例如，多人合作的大型研究越来越普遍，部分项目负责人可能只是挂名，并不实际参与研究过程，最终却以第一作者或通讯作者名义发表论文，这稀释了作者责任，损害了科研质量。同时，大型团队的组成复杂，监督不易，部分成员的研究作风也可能存在问题。此外，团队合作中还可能存在内部成员的技术或思想贡献未得到充分认可的情况。这需要建立明确的团队规范，提高研究过程的透明度，充分认可每一位作者的贡献。相关部门也应加强大型团队的过程监管，确保研究合作公平公正、质量可控。

第五，合作复杂难以追踪责权。科研诚信问题已成为国际合作的重要内容，科研失信行为的治理不再局限于国家内部，国家间的合作、国际组织的介入标志着科研失信行为治理的国际化。随着大型跨国科研合作的增多，责任和归属可能变得模糊，导致一些不端行为更难被追踪。国际科研合作日益频繁，不同国家和机构的科研人员进行交叉合作已很普遍。但跨国合作的项目往往参与方复杂、规范不一，若出现问题，追查责任较为困难。例如数据提供方未能保证数据质量，分析方未充分验证就发表论文等。这需要相关国家或机构制定跨国合作的行为规范，明确参与方的责任和义务。同时，在复杂项目中建立数据录入和验证机制，留存研究过程的线索。此外，不同国家的科研诚信委员会也应加强跨国合作和交流，形成科研诚信的国际共识与合作。

专栏 3-16　贝尔实验室的"舍恩丑闻"

扬·亨德里克·舍恩,在博士期间就发表 20 余篇学术论文,在德国康斯坦斯大学毕业后,于 1998 年入职贝尔实验室。短短两年多时间里,他在《科学》《自然》和《应用物理通讯》等全球著名学术期刊上发表十几篇论文,而且涉及的都是超导、分子电路和分子晶体等众多前沿领域。2001 年,舍恩入选《科学》评选的年度科学突破,且舍恩的成果产出率和分量远远超出大多数同龄科学家,仅 2000 年与 2001 年两年,舍恩作为第一作者,在《科学》与《自然》分别发表了 9 篇和 7 篇论文,不少人一度认为他迟早会得诺贝尔奖[49],一颗"学术新星"似乎正在冉冉升起。

面对舍恩如此令人咋舌的论文产出质量和效率,学界在惊叹其学术能力的同时,不少实验室在复现舍恩实验结果的过程中,发现一些实验结果始终没有人能够重复,一些学者开始怀疑和关注舍恩的数据真实性问题,质疑之声不绝于耳[50]。通过仔细的比较和研究发现,在舍恩的不同论文中,有一个"噪声"图形完全相同,而这种数据本应是随机的,不同实验得出同样结果的可能性微乎其微[51]。2002 年 5 月,美国贝尔实验室建立了由五位业内知名专家组成的独立调查小组——蓝丝带小组。调查小组历经询问、调查和判定三个阶段,于 2002 年 9 月出具调查报告,以大量证据认定舍恩蓄意犯有科研失信行为[52]。舍恩的学术不端和科研造假行为最终败露,相关论文被全部撤稿,其学术职位以及博士学位均被撤销。另外,值得关注的是,

"舍恩事件"是贝尔实验室 77 年历史上查出的首起科研人员造假行为,贝尔实验室这样世界顶级的企业实验室也因此"蒙羞",这一造假事件也成为现代科学史上极其严重的不端行为之一[53]。

13. 科研失信的危害

学术不端行为，绝不仅仅是单纯的个人道德问题，而是一个关系学风和社会可持续发展的大问题。对此，我们必须有清醒透彻的认识。

第一，严重危害科学事业的健康发展。从科学的本质来看，科学是对自然界和社会现象的探究、研究与阐释，其核心目标是揭示规律、累积知识并进行验证。这种追求是建立在严格的逻辑、实证和客观性基础上的。因此，任何形式的科研失信行为都严重违背了科学的核心精神和宗旨。当科学探求真实、客观的知识时，诸如捏造数据、篡改结果等科研失信行为，都会违背真实性的要求，导致科学的基础被侵蚀。同时，不端的研究可能会被其他研究者引用，使整个科学领域的研究方向都受到误导，致使整个科研领域的研究轨迹出现偏差，可能会导致一个错误的"科学共识"或"理论体系"，形成一个错误的知识链，"荼毒"后续相关科研展开的方向选择，严重阻碍科学的正常进步。

第二，造成学术资源和学术生命的极大浪费。学术不端意味着社会资源配置的扭曲和低效。为了争夺国家有限的学术资源，一些人受利益驱动，弄虚作假，骗取国家科研经费。有的学者利用自己的身份和地位，优先为自己安排科研经费和科研项目。有些早有定论并已有成果的科研问题，却还在反复立项研究、发表论文、申报成果。或是改头换面，向不同的部门申请立项。由于低水平重复，缺乏原创性研究，造成我国学术资源的极大浪费，致使学术研究的产出率低下。学术不端产生的结果必定是学术垃圾和学术泡沫。学术不端不仅是对社会有限资源的浪费，也是对学者学术生命的浪费，不去追求学术创新，而一味弄虚作假，剽窃抄袭，心甘情愿地浪费学术生命和学术资源，对国家、社会及其个人贻害无穷。

第三，破坏正常的学术秩序，扼杀创新活力。创新是学术的生命，没有创新就没有真正的学术，学术不端则直接伤害学术自身的创新和发展。那些视学术为牟取科研经费和晋升职称的手段，通过粗制滥造、假冒伪劣、抄袭剽窃等方式来制造学术"成果"，必定导致学术异化和腐化。由于学术泡沫的"制造"成本远远低于学术精品的"生产"成本，使学术不端的低风险、高收益可以严重腐蚀和瓦解学术队伍，消磨学术创新的动力。创新是社会发展和变革的先导，是科学事业兴旺发达的不竭动力。真理和价值问题是任何知识和学问的内在要求，学者不论在纯粹经验的注释和诠解层面，还是在创造性的理论创新层面，都不能回避自己的价值判断、责任立场和道德关怀问题。古代学者所追求的"为天地立心，为生民立命，为往圣继绝学，为万世开太平"则是判断知识分子责任和良知的行为标准。如果学者们热衷于学术不端行为而放弃学术创新，那将扼杀一个民族的创造性，摧残一个民族的自主创新能力，消

解社会发展的动力。

第四，违背科学精神，贻误人才培养。在建设创新型国家的过程中，青少年的诚信意识、诚信行为、诚信品格关系到和谐社会风气的形成，关系着中华民族的复兴和未来。对高等学校来讲，培养高素质人才是其根本任务。能否受到良好的学术训练将影响学生的成长及成才。"学高为师，身正为范"是对所有教师的要求，教师学术道德素质高低、学术行为是否规范，是影响学生学术道德素质的一个重要因素。教师如果自身学术道德素质不高、学术行为不轨，其"身教"将对学生造成严重的误导。学术共同体在具体履行教育职能的过程中出现不公正和不诚信现象潜移默化地对学生诚信品格的养成产生了严重的负面影响。

第五，损毁学术界和知识分子的社会公信力。学术是系统的、专门的学问，学术研究则是在已有的理论、知识和经验的基础上，对未知科学问题的某种程度的揭示和发展，是衡量一个社会文明水准的重要尺度。在社会分工体系中，学术界的基本职能是传播、生产和创造新知识。正是基于此，学术界才被认为集中体现着整个社会的理性水平，代表着一个民族的理性精神。在现实生活中，如果社会和公众对学术界和学者产生信任危机，那就意味着整个社会和民族将无法从学术界分享理性工作的成果，社会就会丧失理性公信力，人们便不再能获得对自身的理性理解，而变得盲目和无所适从。

第六，加剧社会腐败的蔓延。学术不端亵渎学术、败坏学风，其消极影响并不只限于学术范围之内。学术不端的病毒具有极强的渗透性、扩散性与放大效应，会通过学术界向社会生活的其他领域迅速传播和蔓延，污染社会风气，助长社会的不道德行为。在人们的心目中，学术界是社会的净土、社会的良知，背负着捍卫正义、输出先进理念、引领社会风尚、改善社会风气的重任。因此，人们将净化社会风气的希望寄托于神圣的学术殿堂。"铁肩担道义，妙手著文章"应该是学者的座右铭。

专栏 3-17　小保方晴子论文造假事件

小保方晴子，2006—2011 年在日本早稻田大学完成本硕博教育（细胞生物学方向），供职于日本理化学研究所（RIKEN）。2014 年 1 月 29 日，小保方晴子团队在《自然》上连续发表两篇论文，指出"存在 STAP 细胞"。所谓 STAP 细胞，即"刺激诱导性多能性获得细胞"，可以使体细胞转化为干细胞，如果研究成果属实，将是生物学和医学领域的一大突破[54]。论文发表后，许多实验室都尝试复制这一研究结果，但多数都未能成功。此外，一些研究者还指出小保方的论文中存在图片操纵和数据复制等问题。在众多质疑声中，《自然》杂志和日本理化学研究所进行了调查。最终，2014 年 7 月，《自然》决定撤回与 STAP 细胞有关的论文，日本理化学研究所的调查也确认了论文中存在误导性描述和不正当的数据处理，"没有任何一家科研机构可以证明她的实验能够被重复，包括小保方晴子自己团队的其他人"[55]。2014 年 8 月 5 日，论文的共同署名者、小保方晴子的导师笹井芳树教授上吊身亡[56]。他在遗书中依然坚信小保方晴子并未造假[57]。2014 年 12 月 19 日，小保方晴子辞职，博士学位被撤销[58]，其曾供职的日本理化学研究所也因此声誉受损[59]。

14. 如何防止科研活动中的失信行为

科研失信行为是一个复杂问题，很难通过制度规范来防范所有的不端行为，科研人员和科技共同体的自律更为重要。在加强制度建设、加大对不端行为惩处力度的同时，还需要在科技界大力提倡道德自觉意识、加强舆论的引导，特别是要重视对青年科研人员的道德规范教育。

一要发挥好科学共同体的自律作用。积极倡导求实、创新、自由、独立的科学精神，无私、诚实的科学道德。只有当科学精神和科学道德内化至每个科学共同体成员的思想和行为中，科学共同体获得了自身道德伦理的本体地位，才会使科学共同体对其成员产生道德上的规范和引导作用，才不会致使其成员由于道德上的迷茫和价值观的混乱而在金钱和权力的诱惑下犯错误。

二要发挥研究团队在防范科研失信行为中的互相监督作用。研究团队的负责人有责任通过整体把握各个工作环节，明确研究分工和责任，把握研究工作方向，在研究团队内营造团结合作的学术环境，有效发挥研究团队所有成员的专长和潜质，保证研究工作能够按照科研行为规范有序推进，并进行有效监督。

三要强化防范科研失信行为的教育和引导。大学和研究机构有责任指定经验丰富的教师、高级研究人员对学生和新进青年研究人员进行指导，不应只教授必要的专业知识，还应教授科研道德准则和行为规范。研究生导师有义务向学生提供与科研行为规范有关的各种规章制度，并向他们讲解有关规定。

四要塑造对不端行为"零容忍"的学术环境。对学术不端理应坚持"零容忍"原则，坚决并严厉地打击各类违背科研诚信的行为，一经发现，必须予以严肃处理。这样的处理是为了确保科研活动的纯净性和公正性。一个零容忍的学术环境可以鼓励研究者遵循高标准的研究道德和原则，确保科研活动的健康、有序和高效进行。更重要的是，这样的环境会起到预警作用，让研究者深知任何偏离学术道德的行为都会受到应有的惩处，这会激励他们更加尊重学术，珍视自己的声誉。

15. 我国治理科研失信行为有哪些重要举措

治理科研失信行为是一项系统性工程。目前，我国已经初步形成了以法律法规为基础、制度约束为抓手的多维度监管治理体系。具体而言，分为以下几个重要方面。

第一，优化相关法律法规。为了预防和应对国内科研失信事件的发生，我国出台了一系列政策法规以明确治理职责和完善治理框架。2021年12月24日，《中华人民共和国科学技术进步法》通过新一轮修订，此次修订围绕各类科研主体进行了科研诚信、科技伦理和科研监督管理的多条文扩展与补充，明确了科研诚信的制度性要求，设置了科研失信行为的配套性惩处性措施，重点强调和推进了我国科技活动的监督管理举措。进一步地，围绕《中华人民共和国科学技术进步法》中科研诚信建设的顶层设计，我国相继出台《关于进一步加强科研诚信建设的若干意见》《高等学校预防与处理学术不端行为办法》和《科研失信行为调查处理规则》等规范性文件，实现了治理措施的实化与细化，为确保科研活动的真实性和公信力提供了强有力的法律支撑。

第二，规范科研全过程治理。在科技计划管理全过程中落实科研诚信管理工作和责任，在项目指南、立项评审、过程管理、结题验收和监督评估等各环节中严格要求科研诚信，严防科研失信行为。具体而言，在科研项目的申报指南中明确提出科研诚信的要求，让申报者在一开始就明确自己的责任；在项目的评审阶段，评审专家需要对项目的真实性、原创性进行审核，确保没有抄袭、造假等行为；在科研活动进行中，研究机构和负责人需要对研究过程进行监督和管理，确保研究的真实性和可靠性；在项目结束时，验收组会对研究成果进行评审，确保其真实、有效，没有不端行为；国家和有关部门会对已完成的项目进行后续监督和评估，确保长期内没有出现不端行为。

第三，加大监管与查处力度。常态化实施学术不端的专项清理行动，严肃查处严重违背科研诚信要求的行为并进行通报，建立跨部门联合调查和处理机制。2023年4月，科技部办公厅印发《关于开展论文学术不端自查和挂名现象清理工作的通知》，多所高校和研究机构在各自省市科技厅的指导下进行自查工作。围绕上述惩治活动开展的同时，近年来，国家自然科学基金委员会还会在每年度的下半季度，分批次在官方通告中披露该年度所查处的科研失信行为的案件处理决定，这种官方公布、集中曝光的处理方式更有助于净化科研环境，建立稳定科研诚信的长效机制。目前，我国已经大力推进科研诚信信息化建设，通过建立科研诚信档案、科研诚信管理信息系统和科研诚信严重失信行为数据库的方式完善对于科研失信行为的预防、调查和处理。

专栏 3-18　科研失信行为调查处理规则[60, 61]

为贯彻实施《中华人民共和国科学技术进步法》等法律法规，进一步规范科研失信行为调查处理工作，科技部会同科研诚信建设联席会议成员单位对《科研诚信案件调查处理规则（试行）》进行了修订。2022 年 9 月，科技部、中央宣传部等二十二部门印发《科研失信行为调查处理规则》（以下简称《规则》），进一步规范了调查程序，统一了处理尺度，科研失信行为的调查处理工作有了更具操作性的规范。《规则》增加了买卖实验研究数据、无实质学术贡献署名、重复发表等七种科研失信行为，进一步规范了调查程序，统一了处理尺度，科研失信行为的调查处理工作有了更具可操作性的规范。

（1）严惩科研失信，守护学术净土。科学技术是第一生产力。当今世界，谁掌握了核心技术，谁就可能占领先机，赢得发展的巨大优势。这几年，国家不断完善相关制度规范，体现出对于科研失信行为"零容忍"的态度和严厉惩治的决心。

正所谓没有好的土壤，就不会长出好的庄稼；中国的科研水平怎么样，很大程度上取决于我们的科研环境。当前，科研领域存在一些不良风气，学术浮夸、学术不端、学术腐败等现象不同程度存在。《规则》的出台，正是完善科研诚信管理工作机制和责任体系的必要之举，有利于"营造良好学术环境，弘扬学术道德和科研伦理"。

（2）"宽严相济"提供纠错机会。值得注意的是，此次《规则》在重申惩戒措施的基础上，还提出了宽严相济、鼓励科研人员主动纠错的机制。这种"宽严相济"的处理方式，将科研失信过程中的"无主观恶意"与"主观故意"区别开来，也为科研纠错提供了机会。

惩治不是最终目的，通过教育引导，营造风清气正的科研环境才是初衷。除完善惩治制度之外，还需要开展宣传教育，引导科研人员坚守学术道德，践行学术规范，让学术道德和科学精神内化于心、外化于行。

（3）让科研诚信之风助力创新发展。对科研失信的惩戒，本质上就是对科研诚信的鼓励和支持。只有不断加强科研诚信和作风学风方面的制度建设，推进科研诚信立法，细化完善制度规范，科研失信行为才会销声匿迹，而科研诚信之风才会真正树立起来。

科研诚信是科技创新的基石。科研失信，则学风污浊，创新受损。只有诚信的科研环境，才能为科技创新提供滋养。科研诚信体系建设是系统工程，需要多方发力。随着体制机制的不断完善，学术风气不断净化，科技创新也必将交出助力高质量发展的优异答卷。

推荐阅读书目

1. 《学术诚信与学术规范》编委会编. 学术诚信与学术规范. 天津：天津大学出版社，2011.

2. 教育部科学技术委员会学风建设委员会组编. 高等学校科学技术学术规范指南. 北京：中国人民大学出版社，2010.

3. 美国现代语言协会著. MLA 科研论文写作规范. 上海：上海外语教育出版社，2011.

4. 王蒲生，姜玥璐，赵自强编著. 科研规范与科研诚信教育概论. 北京：科学出版社，2023.

5. 童善保主编. 学术规范与科研伦理. 上海：上海交通大学出版社，2023.

第四篇

科技伦理与科技伦理治理

科技是发展的利器，也可能成为风险的源头[62]。科学技术的每一次飞跃都伴随着不同程度的伦理问题，当代新兴科技的伦理困境正愈发广泛而深刻地影响着日常生产与公众生活。因此，厘清科技伦理的概念，把握新兴科技伦理问题的特点，健全科技伦理治理体系迫在眉睫，也成为应对科技伦理挑战、引导科技向善发展的关键环节。

1. 什么是科技伦理

当前，新科技革命方兴未艾，科技发展呈现生物技术、计算机技术、互联网技术等多领域的融合趋势，科学研究与技术创新成果也呈现爆炸式增长，尤其是人工智能及脑机接口的发展，更是加剧了科技对人类影响的广度与深度。与此同时，科技的高速发展也衍生出一系列伦理挑战，例如生命安全受到科技威胁、个体权力遭受科技侵犯、生态环境受到科技污染等。

科技伦理是开展科学研究、技术开发等科技活动需要遵循的价值理念和行为规范，是促进科技事业健康发展的重要保障[63]。科技伦理的核心是人的价值理念，它将人的尊严、权利和福祉放在首位，这也就强调了科技的发展不仅只是聚焦在专业上的突破与革新，而且还要关注社会上的道德影响。科技伦理有助于建立健康、道德和公正的科技环境，有助于减轻科技可能带来的负面影响。同时，科技伦理还有助于推动社会共识的形成，确保科技的未来发展方向符合社会的基本价值观。科技伦理既是社会行为的基本规约，也是社会价值观的指导基础；既是当前行为的行动底线，也是未来发展的基础保障。科技伦理的提出能够避免因缺乏伦理意识而造成不可逆的严重后果，涉及人类社会环境及自然环境的原有秩序遭到破坏、人类生命健康和财产安全受到损害、人类现有的生存方式以及未来可持续发展受到威胁。为适应科技创新的现实需求，我国需营造适合科技发展的良好氛围，完善科技伦理体系，最大限度防控科技伦理风险，实现科技与社会、科技与文化、科技与生态、科技与人类的协同发展，促进科技向善发展，更好造福人类社会。

科技伦理既包括科研伦理，也包括技术伦理，贯穿整个科技活动的始终。科研伦理适用主体是科研人员，针对科学研究中科研人员与其他相关人员和环境之间的作用关系，提出应遵循的行为准则。技术伦理的主体是技术设计者、技术生产者和技术消费者，针对技术活动中技术可能实现的效果和影响，提出相应的设计准则、生产规定和使用方法。科技伦理体现出人在科技活动中，从社会伦理道德层面的科学研究反思和技术活动反思。道德关注于人的德性与品行，伦理关注于人伦道德之理，也就是人与人之间的行为准则。道德强调个体性意识，伦理强调社会共同体中人与人之间、人与社会之间的群体规约。伦理概念比道德概念更为基础，伦理相较于道德具有更强的约束力，科技伦理约束科技活动必须遵守相应的法律法规。

2. 科技活动应该遵守哪些科技伦理原则

当前新兴技术的兴起突破了原有科技伦理中的关系讨论范畴，引发了一系列道德、伦理、社会责任等新问题。为了应对科技发展的新问题，国家从科技伦理的角度入手，关注科研创新工作、技术研发应用中研究人员的科技伦理素养的提升，树立科研人员的科技伦理意识。2019年，中央全面深化改革委员会第九次会议审议通过了《国家科技伦理委员会组建方案》，成立了国家科技伦理委员会，并分别设立了人工智能、生命科学、医学分委会，以推进我国科技伦理治理。

为使科研人员在面临伦理问题，尤其是新兴伦理问题时，提高科学的伦理决策能力，国家通过加强对伦理原则的统一规范和指导，对科研人员进行制约与规范，进而使科研人员在科研创新中时刻绷紧伦理之弦，遇到问题时高效、科学地做出判断与选择。2022年，中共中央办公厅、国务院办公厅印发了《关于加强科技伦理治理的意见》，明确了开展科技活动应当充分借鉴国际社会经验，提出加强科技伦理治理的意见，提出增进人类福祉、尊重生命权利、坚持公平公正、合理控制风险、保持公开透明的五项科技伦理原则。

一是增进人类福祉原则。科技活动应始终坚持以人民为中心的研究思想，有利于促进经济发展、社会进步、民生改善和生态环境保护，不断增强人民获得感、幸福感、安全感，促进人类社会和平发展和可持续发展。

需秉承科技向善发展理念。科学研究的目的是为了造福人类，丰富人的物质世界和精神世界，增强人的获得感、幸福感和安全感，促进人的身心健康。科研人员与技术人员应在科技发展的过程中，增进人类福祉。人类福祉是人类的共同利益和共同追求，是个体自主性汇集，也是社会和人类的整体利益得到实现的状态。

二是尊重生命权利原则。科技活动应最大限度避免对人的生命安全、身体健康、精神和心理健康造成伤害或潜在威胁，尊重人格尊严和个人隐私，保障科技活动参与者的知情权和选择权。使用实验动物应符合"减少、替代、优化"等要求。

（1）采取预防伤害或伤害最小方案。当经济、社会及文化利益与生命安全发生冲突时，科研人员应将保护人的生命安全、身体健康和精神心理健康放在首位，最大限度避免相关危害和潜在威胁。尤其是近年来，随着生物工程的更新迭代，生物技术被更多应用于医疗、军事、太空等领域，这种深入神经系统的交互方式带来了极大的安全隐患，造成不可逆的风险问题。因此，尊重生命原则应该贯穿于整个科技活动的设计、实验及应用的各阶段之中。另外在进行动物实验的过程中，也应坚持最小伤害的思路。

（2）坚持人的自主性。一方面强调个人选择的自主权，对未来的生活选择、技术网络中的选择自主，尊重个人和团体的个性思维；另一方面，这一原则是基于新兴科技提出的，尤其是新兴技术，例如，人类增强技术中，机械体在辅助人类功能增强的同时也能引导或控制人的部分行为选择，基因编辑技术对人体的改造也会引发主体性身份的变化。因此，在科学技术活动中，科研人员与技术人员从技术设计到技术操作，都需遵循操作者的自主自愿开展工作。

三是坚持公平公正原则。科技活动应尊重宗教信仰、文化传统等方面的差异，公平、公正、包容地对待不同社会群体，防止歧视和偏见。

（1）确保区域公平，营造公正环境。要求科研人员的科研活动应无歧视地开展数据收集和处理工作，减少对弱势群体的伤害。同时，确保公众对产品拥有平等的获取权，在科技产品的设计过程中加入通用设计。公平强调微观视角下的机会公平和竞争公平，而公正则是从宏观视角强调公平正义的制度法规及程序流程、不偏私的社会环境。科技活动还应尊重宗教信仰、文化传统等多方面差异，防止歧视和偏见。

（2）确保代际公平，秉承可持续理念。可持续是站在保护人类未来世代利益的角度，对科研人员发展理念的要求，尊重自然环境和自然规律，建立科技"全生命周期"的发展理念，从科研探索、科技实验、工程实践和应用扩展的全周期过程实现可循环的发展状态。2022年以"亚洲科技伦理治理与可持续发展"为主题的世界人工智能大会提出可持续发展是促进科技创新、支撑高质量发展、满足人民美好生活需要的必由之路。可持续发展的落实，有赖于因地制宜地发挥科学和技术的作用，应构建科技创新与可持续发展之间的良性互动，实现自然环境的良性生态循环，同时也为经济社会的高质量运行作出贡献。

四是合理控制风险原则。科技活动应客观评估和审慎对待不确定性和技术应用的风险，力求规避、防范可能引发的风险，防止科技成果误用、滥用，避免危及社会安全、公共安全、生物安全和生态安全。

（1）保护数据信息安全。保护隐私信息的安全性，确保个人信息安全不泄露。科研人员需要在设计环节提前部署适当的数据治理，例如，设置数据访问权限，使用个人数据之前需寻求知情同意。

（2）保证技术运行可靠。科研人员应客观评估不确定性的技术应用风险，合理控制相关风险，防止科技成果误用、滥用，避免出现因科技成果的不当使用引发的社会安全、公共安全、生物安全和生态安全。

（3）具备负责任的创新意识。负责任是指科研人员需要对科研成果或技术产品承担相应的责任。科研人员既要坚持在科研诚信的基础开展研发工作，也要在问责制度的规约下进行科技创新活动。问责制提供了社会主体治理责任的分配机制，当科技创新与追责相联系时，也就从法律问责的方式提高了科技创新的安全性及可靠性，从法律层面为创新的科技后果提供了基础保障。

五是保持公开透明。科技活动应鼓励利益相关方和社会公众合理参与，建立涉及重大、敏感伦理问题的科技活动披露机制。公布科技活动相关信息时应提高透明度，做到客观真实。

（1）坚持信息的公开透明。信息透明是关于技术系统功能、人类互动数据、技术潜在危害等方面的信息数据透明，保障了科技活动参与者的知情权和选择权，使相关利益者能够获取有效信息。另外，透明原则也对科学技术工作者产生了隐形约束，有利于防止科研人员产生违反诚信的不端行为、有效防止科研人员采用损害受试者和消费者身心健康的技术手段，成为伦理治理、预防违规违法的有效制约办法。

（2）鼓励公众参与。信息透明是提高公众认可和公众参与的基本条件，科技活动应做到鼓励和利益相关者的参与，及时提供有关新技术和新产品的相关信息，同时对于热点伦理问题的讨论建立相关披露机制。尤其是针对技术危害或技术弊端的敏感问题，科研人员应及时、准确地向公众和利益相关者传达，通过构建公众和利益相关者的意见反馈渠道，确保公众能够加入这种双向互动的交流模式中，让科技为公众服务。

专栏 4-1　60 多年后，滴滴涕噩梦的危害依然存在

滴滴涕（DDT）属于一种有机氯农药，通过干扰昆虫的神经系统功能杀灭昆虫。1939 年，DDT 药物被发现，并开始当作杀虫剂使用。在伤寒、霍乱、疟疾等传染病频发的时代，通过在人身上洒 DDT 来对付传播疾病的蚊虫。被誉为"虫害病终结者"的 DDT 可以帮助农民在一夜之间除掉害虫，也拯救了深受传染病毒害的人们。人们沉浸在灭虫和清除致命传染病的喜悦之中，加上 DDT 的低价、高效、便捷等绝对优势，于是开始疯狂使用 DDT，甚至采用飞机进行大范围喷洒。然而，DDT 的毒性不仅直接杀死了使用区域内的鸟类、哺乳动物、鱼类等几乎所有的野生动物，还可以通过食物链从一个有机体传递到另一个有机体。DDT 难以被生物体分解，这些化合物通常贮存在生物体的脂肪组织中，从 1954 年至 1956 年提取的人类脂肪样品中含有浓度为 5.3%~7.4% 的 DDT。

蕾切尔·卡逊在《寂静的春天》中写道，"再也听不到鸟儿的歌声，河流成为鱼儿的死亡之河，到处遍布着动物的尸体"。DDT 随着食物链延长、营养级的增加在生物体内逐级富集。在处于食物链最高级的人类体内，浓度远高于最初从环境中摄入这些有害化合物的昆虫等生物。DDT 对人类的神经系统造成损害，导致女性月经紊乱及习惯性流产，导致男性生殖系统的氧化损伤反应和细胞凋亡，增加癌症发病概率。

《寂静的春天》

  2021 年，在法国土壤沉积物中查出艾氏剂、DDE、六六六等有机氯农药。2021 年，中国农业大学学者研究了洞庭湖流域的地表水及水底沉积物，从样品中共检出 16 种有机氯农药。DDT 还会随着大气循环，在并未使用过 DDT 的区域留下药物残留。检查因纽特人的身体脂肪样品发现了 DDT 残留，最高浓度达 1.9%。研究数据表明，即使在禁止使用这些有机氯农药几十年后，土壤中仍旧有留存，还通过水体扩散至未施用农药的地区，扩大污染范围。

  科技的滥用造成的危害不仅在程度上不可控，而且在时间上也不可控。因此，需提高科技风险防范意识，建立科技伦理制度，强化科技伦理治理，促使科技的向善发展。

3. 在前沿科技领域遵循科技伦理原则有什么特殊性

前沿科技领域的发展日新月异，往往涉及众多的未知因素和复杂的技术挑战，对在前沿科技领域遵循科技伦理原则带来了一定程度的挑战。因此，在前沿科技领域遵循科技伦理原则具有一定的特殊性，需要科研人员具备较强的探索性、专业性以及预见性。

第一，在前沿科技领域遵循科技伦理原则具有一定的探索性。前沿科技领域往往面临着较大的未知和不确定性，新兴科技可能引发的风险和伦理问题往往尚未明晰，对科技创新的长期效应的预测较为困难。在此情况下，科研人员需要主动思考新兴科技可能引发的伦理问题，尽早识别可能引发重大后果的伦理隐患，在科技伦理原则的指导下积极探索适当的科研活动伦理规范，设法降低前沿科技的伦理风险。

第二，在前沿科技领域遵循科技伦理原则具有一定的专业性。前沿科技领域的知识生产具有高度的复杂性、专业性和深奥性，往往会导致复杂的伦理问题和伦理困境。科研人员需要对科学技术的机理和专业领域的前沿有充分的把握，才能识别技术规范的细微差异，发现潜在的伦理风险，从而对科学技术的可能影响和治理方式做出准确的判断。由于前沿科技领域知识生产的复杂性，在具体的专业情境中应用科技伦理原则时，也需要科研人员根据自己的专业素养理解和调整科技伦理原则，在具体的科研活动中规范自己的行为，做出负责任的研究。

第三，在前沿科技领域遵循科技伦理原则具有一定的预见性和灵活性。前沿科技领域发展迅速，而伦理原则的制定往往需要一定的时间，这导致科技伦理原则滞后于科技发展的现象出现，一些科研活动对既有的伦理规则形成了冲击和挑战。因此，前沿科技领域的科研人员不能做完全被动的遵从者，而是要考虑到科技伦理原则可能存在的滞后性。一方面，科研人员需要尽可能地预测前沿科技可能引发的伦理问题，充分考虑科学技术潜在的社会影响，在面对超越既有规范的伦理问题时，自主地做出有益于社会和人类福祉的伦理决策。另一方面，科研人员也应当积极参与对伦理原则的讨论，根据前沿科技发展的需求，促进伦理原则的适应性发展。

专栏 4-2　体外人体胚胎培养的"14 天准则"

"14 天准则"是人体胚胎研究中一项被广泛接受的伦理原则，它规定以科学研究为目的的人类胚胎体外培养时间不得超过 14 天。该准则于 1984 年由英国沃诺克委员会提出，并于 1990 年在英国《人类受精和胚胎学法案》中实施[64]。"14 天准则"在世界范围内产生了很大影响，被包括中国在内的许多国家采纳，成为管理人体胚胎实验的通用原则。

"14 天准则"的提出回应了 20 世纪七八十年代体外受精技术的突破，14 天的期限有其对应的生物学基础，因为胚胎发育的第 15 天是原条形成的时间点，这一结构的出现标志着胚胎进入生物个体的第一阶段。因此，有人认为，从胚胎发育的第 15 天起，胚胎就具有了道德地位[65]。

然而事实上，在 2016 年以前，技术手段根本无法支持将人类胚胎在体外培养超过 14 天的时间，因此该规则并未真正禁止任何研究。2016 年，有两个研究小组报告，他们在体外维持了人体胚胎 12～13 天，这使科学家看到了体外人体胚胎培养超过 14 天的技术可行性[66]。技术的进步引发了部分科学家延长"14 天准则"的呼声，有科学家主张为了更好地获取胚胎发育第 14 至第 28 天的知识，应当将人体胚胎体外培养时间的限制延长至 28 天。

2021 年 5 月，国际干细胞研究学会（ISSCR）取消了其先前指南中对于体外人体胚胎培养不超过 14 天的限制，并呼吁"国家科学院、学术团体、资助者和监管机构引导公众就允许此类研究的科学意义及其引发的社会和伦理问题展开对话"[67]。

  围绕是否应当延长"14 天准则"的争论体现了在前沿科技领域遵循科技伦理原则所需的探索性、专业性和预见性。面对技术手段的发展和伦理原则可能的滞后性，科研人员需要在实践中依靠对科技的专业理解，主动思考科学技术的发展需求与其风险之间的关系，探索最佳的科技伦理规约路径。

4. 科技伦理问题及其主要影响

随着科学技术的迅猛发展，社会生产力得到了极大的解放和发展，人们的生活条件和水平也得到了迅速的提高。但在人们享受着科学技术给生活带来"红利"的同时，也面临着越来越多的科技伦理风险，科技伦理问题逐步凸显。所谓科技伦理问题，是指在科技活动中出现的违背科技伦理价值理念和行为规范的现象，也包括科技发展对现有伦理原则和行为规范提出的挑战。

近几年，随着人工智能、大数据、生物技术等新兴科技的进步，科技伦理事件频发，科技伦理问题也波及科技活动的全过程，包括科研活动中的伦理问题、技术开发中的伦理问题、科技应用中的伦理问题。科研活动中的伦理问题包括研究对象的知情同意问题、隐私保护问题、学术不端问题等。技术开发中的伦理问题涉及技术的设计与创新层面，包括人工智能技术编程过程中的性别歧视问题、技术不完备带来的风险、法律道德规则不完备产生的风险、实施主体产生的风险等[68]。科技应用中的伦理问题如基因编辑技术应用可能带来的污染"人类基因池"的风险，"侵入"式脑机接口技术的应用可能对人脑产生损害、造成脑隐私泄露的风险等。根据科技影响的不同层面，还可将科技伦理问题划分为个人层面、组织层面、社会层面、人类层面的伦理问题等。

科学技术的每一次进步，都伴生着不同程度的伦理与道德问题，对个体、社会、全人类乃至整体自然环境都造成了不同层次的广泛影响，具体包括以下几个方面。

一是对科技事业的发展产生冲击。科技伦理问题频发使科技发展带来的争议在社会公共领域持续发酵，人们对科技企业和产品的态度从最初的热烈期待逐渐冷却，并对专家的权威带来了一定程度的冲击。这种广泛的不信任不仅妨碍了科技产品的普及和应用，还使消费者在购买时更加谨慎，甚至避免购买某些有争议的产品，如购买转基因食用油。而当某个科技公司或研究机构因为伦理问题受到公众指责，成为众矢之的时，这无疑会对整个科技领域产生"波纹"一样的连锁反应，使社会对整体科技领域的信赖感逐渐减弱。例如，数据隐私和安全问题频繁被媒体关注和提及，导致众多消费者对科技巨头及其提供的服务抱有戒心，直接对其商业和声誉造成打击。此外，不断曝光的科技丑闻和滥用行为进一步削弱了公众对科技产业的信任。这种普遍的信任危机不仅影响了科技的社会公信力，还导致社会对科技的态度由最初的热衷转变为保守和质疑。许多人因此对科技的未来发展失去了信心，产生了技术恐惧症[69]，认为科技可能带来更多的问题而不是解决方案。最终，这种普遍的不信任感可能会对科技的决策制定产生负面影响，导致科研项目的减少、创新速度的放缓以及科技在社会中的地位逐渐下降，助长针对科技创新与发展的"反智"风气,从而制约科技本应有的正向、建设性的发展。

二是个人的正当权益保护面临新的困境。在新一轮科技革命的背景下,隐私泄露、数据滥用、信息茧房、数据杀熟等一系列伦理问题,对个人自由与正当利益造成了严重侵害,个人基本权益无法得到有效保障。而现代科技的强侵入性、广泛性与渗透性,也使确保个人的正当权益变得越来越困难。随着技术的进步,个人的隐私与数据已经被抽象化、数字化甚至是商品化,这一过程中,个体的本质和意义似乎已经被淡化。比如,人们的每一个点击、每一次搜索,甚至每一次交流,都可能被监视和记录,而这些信息在人们毫无察觉的情况下被买卖和滥用。更进一步,信息与生命科技的进步,推进了对个体数字画像的构建,加之个人基因组信息的加速解密,个人的数字身份被不断完善。海量数据样本的对比,使企业可以精准预测个人喜好、行为模式,甚至生活方式。借助智能产品与新媒体,他们可以对个体进行定向的诱导和操作,悄无声息地从某种程度上干预和引导其决策和选择。这种潜在的操纵,使个人的自主权逐渐受到压迫,人们在享受技术红利的同时,也可能不知不觉丧失了自己的主体性和决策能力,成为大数据与算法推动下的"数字傀儡",甚至还有可能导致更为严重的社会问题,包括人格异化、消费操控和心理健康问题。

三是改变了传统的社会秩序与道德价值观。科技带来的伦理问题对社会环境产生了巨大的影响[70]。高科技产品和服务正在重新定义人们的生活方式、工作方式乃至思维方式。新兴科技的快速发展,已经逐渐超越了传统的认知边界,它们以前所未有的速度和广度对人类的生活进行塑造。这一变化可能导致传统的社会秩序和道德价值观正在被重新审视和解构。这种现象可能会瓦解社会关系的纽带,导致个体愈发孤立。例如,元宇宙和虚拟现实已经提供了一个完全不同的社交平台,其中面对面的交流和真正的人际关系变得不再重要。越来越多的人选择在虚拟世界中生活,远离真实的人际互动,这种选择无疑有可能削弱社会凝聚力。而这样的技术趋势不仅仅影响着人类的社交方式,也正在改变人们的道德观点和价值判断。在一个虚拟的、数字化的世界里,人们可能更容易受到数字空间中的信息和趋势的影响,而忽视了基于真正的人际互动和共情的价值观。此外,人们可能在处理人际问题时缺乏同理心和共情能力,因为他们已经习惯了数字空间中的冷漠和距离,这可能会催生一个更加孤立、以自我为中心的社会,个体追求的自我实现和表达逐渐超过了对社群和共同体的关怀和价值尊重。

四是破坏了人与自然之间的和谐平衡。在科技驱动的时代,人类似乎站在了一个前所未有的高度,拥有了审视、掌控自然的权力。然而,这种掌控带有狭隘的傲慢。在许多情况下,人类沉醉于自己创造的科技奇迹中,改变和征服自然的企图成了人类的主导思想,忽略了人类活动会引发自然的反应。正如恩格斯在《自然辩证法》中指出的,"我们不要过分陶醉于对自然界的胜利。对于每一次这样的胜利,大自然都报复了我们"。至上主义般的对科技的盲目崇拜,会使人忽视技术干预下的自然环境变革。资源的过度消耗、环境污染、生态系统的崩溃,都是盲目技术乐观主义的代价。当人们享受着技术所带来的种种便利时,却往往不自觉地与大自然的本源割裂,与那种原始的、与自然和谐相处的状态日渐疏远。过度依赖科技和它所带来的便利,不仅会造成对环境的持久伤害,还使人类与环境的关系变得日益紧张,这与可持续发展的核心观念相去甚远,而且还会引发一系列可怕的后果。这种科技至上的思维方式与实践路径,割裂了人与自然之间历史悠久的和谐共生关系,威胁到人类未来的生存和福祉。

专栏 4-3 "基因编辑婴儿"事件[71]

2018年11月26日,某大学副教授贺某在第二届国际人类基因组编辑峰会召开前一天宣布,一对名为露露和娜娜的"基因编辑婴儿"已在中国健康出生。按照贺某的说法,在受精卵阶段,这对双胞胎的CCR5基因经过了修改,出生后可以天然抵抗艾滋病,是世界首例免疫艾滋病的"基因编辑婴儿"。

这一消息发布后,立即在全球掀起巨大波澜。2018年12月19日,国际期刊《自然》发布了"2018年度十大人物"榜单,贺某榜上有名。同时,数百名不同领域的学者、专家公开谴责了其行为,他们认为,即使修改了胎儿的CCR5基因,也不意味着可以免疫艾滋病,而在现阶段对生殖细胞进行基因编辑,完全违背了人体研究的生命伦理准则,可能给人类带来一系列无法预料的后果。

中国医学科学院11月30日在医学期刊《柳叶刀》上发表声明,代表中国医学科学界反对任何违反社会道德规范、法律,应用于生殖方面的胚胎基因编辑,并指CRISPR技术(一种编辑基因的技术)作为基因组编辑工具其临床应用上还有诸多尚未解决的科学和伦理问题;再次谴责贺某的基因编辑婴儿的实验突破了学术道德伦理底线,严重违反了中国已有的相关法规、规定和指南;强调各研究机构应迅速加强对伦理审查和科研过程的监管,绝不应开展和资助此类研究;中国医学科学院"将依据最严格的科学与伦理标准,尽快进一步研究制定富于可操作性的技术和伦理指南,指导相关技术的研究与应用,严密防止伦理不端行为的发生"[72]。

专栏 4-4 "黄金大米"事件[73]

2012年9月,国际环保组织"绿色和平"针对发表在《美国临床营养杂志》上题为《"黄金大米"中的β-胡萝卜素与油胶囊中β-胡萝卜素对儿童补充维生素A同样有效》的研究论文指出,研究人员在项目研究中使用"黄金大米"对中国6~8岁儿童进行了试验[74]。事发后,该事件引起国内外有关部门和机构的高度关注,引发了关于科技伦理的一次激烈讨论。2012年12月,相关部门致歉,当事人被处分。"黄金大米"事件暴露的伦理问题如下。

（1）生物安全问题:转基因食品的长期影响和安全性存疑,黄金大米的开发者在审慎科学验证之前就进行了试验,存在生物污染和生态破坏的风险。

（2）知情权问题:试验实施方没有充分告知受试关于产品的特性,受试学生的知情权被侵犯,无法做出理性选择。

（3）伦理审查不足:该研究存在科研伦理审查不严的情况。

（4）利益冲突问题:相关研究人员的科研动机存在追求经济利益的嫌疑,似乎更多出于商业利益而非公共利益。

（5）公众参与不足:没有充分征询公众意见就进行试验,公共利益难以保障。

（6）监管缺失问题:政府主管部门在评估、审批和监管过程中存在监管失职情况,监管制度存在漏洞,导致问题产品进入市场。

（7）科学家社会责任缺失:部分科学家在科研过程中,没有充分考虑到社会责任和科学伦理。

5. 当代主要科技领域的科技伦理问题

当今时代是世界科技大发展、大繁荣的时代，人类在众多科技领域都取得了历史性的突破，并取得了显著的成就。但与此同时，随着高科技对人类社会切入程度的加深，也触发了较多伦理问题。从科技发展的主要领域出发，当代主要的科技伦理问题可分为以下几种。

一是工程伦理问题。工程伦理问题是工程技术人员在工程活动中，包括工程设计和建设，以及工程运转和维护中涉及的道德原则和行为规范问题。工程伦理是从"工程问题"引申而出的新兴的应用伦理学领域。通过把工程问题上升到道德高度，既有利于提高工程技术人员的道德素质和道德水平，又有利于保证工程质量，最大限度地避免工程风险。随着工程技术的进步，与之相应的工程伦理问题也愈加突出。比如，核工程技术的进步，核废料污染、核泄漏威胁也同步增加等。

二是数据伦理问题。21世纪是互联网信息时代，信息技术在给人们提供丰富的信息咨询的同时，也给人们的日常生活带来了越来越多的困扰，引发了较多的伦理问题。首先，网络技术的发展对个人隐私造成的侵犯，怎样保障好隐私和个人信息权益是网络时代首当其冲的伦理难题。

其次，网络的普及使知识产权保护与知识网络资源的共享之间的矛盾越来越尖锐，迫切需要处理好网络领域的数字知识产权保护问题。

三是医学伦理问题。医学技术的进步在治疗和预防疾病、增进人类健康方面起到了巨大的促进作用，但与此同时，也引发了一系列的伦理难题。比如，输血、器官移植以及人类辅助生殖技术在临床上的应用引发的生命工具化与商品化的问题、基因克隆引发的人类尊严和家庭伦理问题、遗传检测引发的隐私保密问题、基因增强引发的"扮演上帝"问题、转基因食品与转基因农作物引发的人群健康和生态安全问题、新药临床试验引发的知情同意问题，不一而足。

四是生命伦理问题。随着以基因编辑、生物克隆为代表的新兴生命科技的发展，人类可以在更深层次的知识、理性框架结构中对人体进行干预和指导。但由于主体的有限理性，技术工具的缺陷、失灵以及人体复杂的功能性特征，生命新科技在临床、社会实践领域存有潜在的未知风险，涉及诸多伦理与法律争议问题，生命伦理治理刻不容缓。

五是环境伦理问题。随着人类社会活动的不断扩张，人类对自然的索取也不断增加，人与自然之间的矛盾不断激化，水质污染、臭氧层破坏、生物多样性锐减等环境问题逐渐严峻。为实现人类社会的和谐发展，必须加强环境伦理建设，保护自然、尊重自然、敬畏自然，实现人与自然和谐共生。

六是人工智能伦理问题。人工智能技术的迅猛发展在丰富人类社会生活的同时，由于其技术自身以及在使用过程中所衍生出来的一系列问题，技术应用的社会风险也逐步凸显。此外，随着人工智能技术全方位地介入人们的日常生活，技术过多限制和剥夺公民基本权益的行为也时有发生。比如，在技术系统收集公民个人信息时，是否会侵害到公民个人的隐私权、个人信息权益；无节制动用人工智能技术，是否会侵害到公民个人的人格尊严；等等。针对以上问题，必须要加强人工智能伦理治理建设。

专栏 4-5　日本核污水排海事件[75]

2023年8月24日,日本不顾国际社会和国内民众的强烈反对,启动了福岛第一核电站核污染水排海。日本核污水排海事件发生后,便立即受到国际和国内社会的谴责。8月25日,日本多个市民团体再次在首相官邸附近发起抗议集会。8月27日,由日本多个在野党、工会团体发起的反对核污染水排海抗议集会在福岛县最大港口小名滨港附近举行。抗议人群高举标语谴责日本,并敦促日方政府采取措施,阻止福岛核污染水排海。反观日本核污水排海事件会发现,在工程伦理责任意识薄弱、相关领域法规不健全的情况下,某些工程伦理失范行为将会给自然环境和人类健康带来极大的威胁。

专栏 4-6　非法买卖个人信息民事公益诉讼案[76]

2019 年 2 月起，被告孙某以 3.4 万元的价格，将自己从网络购买、互换得到的 4 万余条含姓名、电话号码、电子邮箱等的个人信息，通过微信、QQ 等方式贩卖给案外人刘某。案外人刘某在获取相关信息后用于虚假的外汇业务推广。公益诉讼起诉人认为，被告孙某未经他人许可，在互联网上公然非法买卖、提供个人信息，造成 4 万余条个人信息被非法买卖、使用，严重侵害社会众多不特定主体的个人信息权益，致使社会公共利益受到侵害，据此提起民事公益诉讼。

杭州互联网法院经审理认为，被告孙某在未取得众多不特定自然人同意的情况下，非法获取不特定主体个人信息，又非法出售牟利，侵害了承载在不特定社会主体个人信息之上的公共信息安全利益。遂判决孙某按照侵权行为所获利益支付公共利益损害赔偿款 34000 元，并向社会公众赔礼道歉。

在数字时代，怎样维护公民个人的信息权益是重要的社会议题，本案以检察院提起公益诉讼的方式来追究不法行为人的信息侵权责任，向外界传递出国家捍卫公民个人信息权益的决心，对保护公民个人信息安全具有重要意义。

专栏 4-7　代孕服务合同纠纷案[77]

人工辅助生殖技术作为 21 世纪备受瞩目的生命科学前沿，在给人类社会带来福音的同时也产生了一系列伦理与法律问题，引起社会极大争议。

2017 年，孙某与深圳西尔斯国际商务咨询有限公司（以下简称西尔斯公司）签订《美国自体移植（含 PGD）合同》，西尔斯公司为孙某提供赴美取卵代孕服务。后孙某要求西尔斯公司返还她已经支付的 15 万元，双方产生纠纷，遂向法院提起诉讼。因代孕在中国属于违法行为，本身不受到法律保护，法院认定代孕合同无效，西尔斯公司只为孙某提供了前期部分服务，没有提供中期与后期服务，一审法院判令西尔斯公司返还 10 万元给孙某，西尔斯公司上诉，二审维持原判。

代孕违背了基本的生产孕育文化习俗与社会秩序，代孕行为可能剥夺了生育权、孕妇的尊严与身体权利，并存在极大的商业化、利益驱动现象，后续还会产生夫妻关系、代际关系矛盾等一系列家庭伦理问题，严重者甚至滋生非人道主义行为。未来需要社会各方一道努力，共同监管、禁止代孕行为。

专栏 4-8　脑机接口技术触发的伦理问题[78]

脑机接口是一种不依赖于外围神经和肌肉组成输出通路的通信系统，在人或动物大脑与外部设备之间建立连接的新技术。随着脑机接口技术研究的不断深入，人类可以在更深层次的知识、理性框架内对大脑认知和实践活动进行调控和干预，"脑机融合""心物交互"的时代逐渐到来。随着脑机接口技术在临床实践领域的不断推广和发展，除带来技术的隐私保护问题外，也触发了较多其他社会议题。比如，在认识论层面，主要引发了认知和行动主体争议问题，在知行决策主体由人类优位向人机共享介导下算法优位转变时，面对人机共享介导下的"人工身体"，使用脑机接口技术后的主体是谁？这给人的自主性带来了严重挑战。

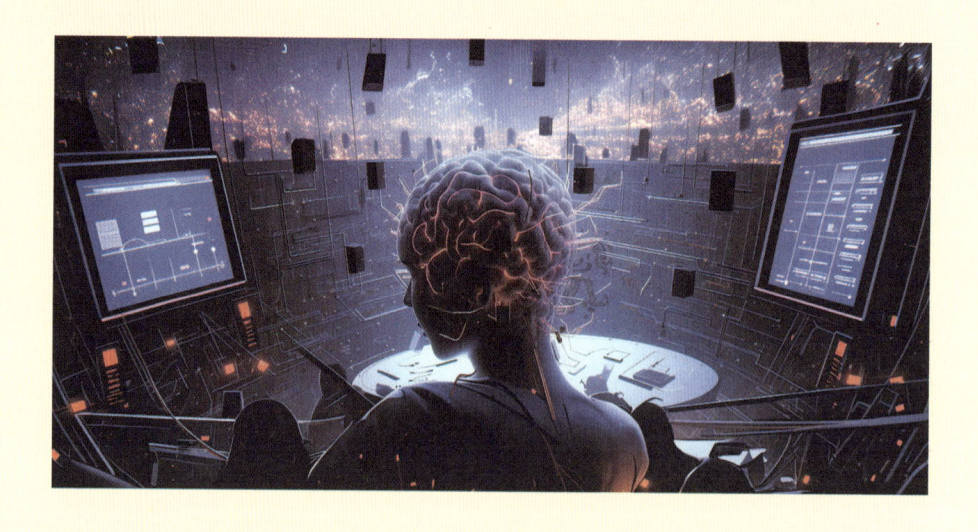

6. 科技伦理治理的作用

随着科技发展的不断提速，各种高新科技如雨后春笋般涌现。能否正确治理新兴科技的伦理问题，直接关系科技能否真正为社会进步服务。一个缺乏科技伦理治理的社会一定会在科技发展中迷失方向，问题滋生并不断扩大，最终损害社会稳定和公共利益。因此，有效的科技伦理治理显得尤为重要。这种治理机制可以引导科技创新的发展与应用，确保科技的发展方向始终趋于善良，从而持续地产生积极的影响，确保科技始终能够"向善发展"，进而持续性地对社会、环境和个人产生积极影响。由此可见，科技伦理治理不仅是科技治理能力与体系建设的重要一环，从风险后果看，科技伦理风险与问题能否得到有效治理，还将关乎整个人类社会未来的发展与走向。因而，科技伦理治理就成为当前科技发展不可绕过的关键节点，主要有以下几个关键作用。

第一，引导科技创新发展的价值方向。科技伦理治理不仅是一种制约和规制，更是一种引导和推动。科技伦理治理能够为科技创新提供方向和边界，牵引科技发展的价值方向，引导科技发展服从伦理价值的框架规约，为科学家和技术专家提供指南方针，促使创新者思考如何在技术进步的同时，遵循伦理原则，确保科技对社会和个体的影响是积极的、有益的，防止科技为恶。也为科技创新与应用确定道德底线，确保创新的目标是符合道德价值观和人类利益，防止科技被滥用于损害公共利益和个人权益，成为保障科技健康发展的重要制衡力量，从源头上避免不负责任地创新或可能带来负面的社会影响，促进实现科技、社会与自然的和谐统一。通过明确的伦理价值驱动，科技创新的方向可以更加清晰，其目标可以更加与道德价值和社会福祉相契合，实现让科技发展始终以不忘为人类福祉服务的初衷，让科技创新始终走在正确的道路上。

第二，助力科学的可持续性健康发展。科技伦理治理能够规制和保障科学研究在道德和社会层面上是可接受的，从而使研究可以在社会的支持和理解下持续进行。有效的科技伦理治理可以减轻公众对科技发展潜在风险的担忧，增强科学发展的公信力，提高公众对新科技的接受度，进而有助于科学研究获得更多的社会支持和资源。在科学活动中，伦理审查可以帮助研究者更深入地思考其研究设计和方法，避免可能的偏见或误解，从而提高研究的质量和准确性。另外，在全球化的科研环境中，国际合作越来越频繁，不同国家和地区可能存在不同的伦理标准和审查程序。科技伦理治理有助于建立统一的、跨文化的伦理框架，避免文化间的摩擦和误会，使国际科研合作更为顺畅。同时，科技伦理治理还能够培养科学从业者的责任感与伦理意识，使其深刻意识到自身的道德责任，知悉自己所从事的科学研究与社会发展之间的协同关系，有意识地在科学研究的过程中思考科技进步对社会的积极意义，进而形成一批具有深厚伦理底蕴和思想的新一代科研群体，确保科学技术真正朝着有益于社会与人类的方向发展。

第三，保护个人正当权利不遭践踏。在数字化时代，个人隐私和数据安全已成为举足轻重的议题。科技伦理治理的核心任务之一就是确保个人的隐私得到充分尊重和保护，同时也要防止个人数据遭受滥用和侵犯。科技伦理治理有助于确保个人的隐私和数据安全得到充分保护，确保个人数据只在合法、合理和透明的情况下被采集和应用，而不会被恶意的滥用于商业目的或其他不当行为。此外，科技伦理治理还关注个人的自主权和自由。个人应该能够决定哪些信息可以被收集，以及这些信息如何被使用。通过明确规定数据收集的目的和方式，并为个人提供充分的知情权，为个人提供了在数字化时代的安全感和信任基础，实现个人权利的平衡和尊重。此外，通过科技伦理治理，个人可以更有信心地参与数字化社会。他们知道他们的个人信息不会被窃取和滥用，他们的隐私不会受到侵犯。这种保护不仅对个人有益，还对整个社会产生积极影响。当人们相信自己的个人信息和隐私受到尊重和保护时，他们更有可能积极参与科技创新和数字化发展，有助于建立一个可信赖的数字化社会，为社会的长远发展打下坚实的基础。

第四，推动公共利益得到有效保障。科技伦理治理通过制定准则和规范，防止科技被滥用或用于不符合公共利益的领域。例如，人工智能在医疗诊断领域的应用，可以显著提升医疗效率和患者治疗效果，这无疑是符合公共利益的。然而，如果人工智能被用于个人隐私的侵犯或不正当使用，显然就会违背公共利益和社会伦理。已有的科技伦理事件反映出一个结论：科技对每个人产生影响，与每个人的切身利益密切相关。科技伦理治理通过明确技术使用的界限，保障公共利益的正当性不受侵犯和僭越，维护社会的稳定和秩序，确保科技发展不会扩大社会差距、损害弱势群体利益。此外，科技伦理治理也关注公共利益在科技发展中的平衡问题。科技伦理治理通过评估技术的长期影响，寻求公众参与，确保科技的应用不会短视地损害公共利益，不被短期的科技表面功利所蛊惑，保障每个公民都能平等地享有科技进步带来的效益和福祉，避免科技为少数人的利益偏好服务而损害多数人权益，确保科技进步的好处能够惠及更广大的人群，不会剥夺任何群体的应有权益，实现社会资源的合理分配和社会权益的均衡，减少社会不平等和不公正现象，促进社会的包容和正义，维护社会秩序与和谐稳定。此外，科技伦理治理本身就是以正义为目标。它不能只服务于某些利益群体，必须兼听各方诉求，通过广泛的社会参与和民主决策，公正地调节复杂的伦理关系。

第五，促进自然环境的永续平衡。当前，环境问题已经成为全球关切的焦点。如果科技的发展忽视其对环境的影响，人类将面临资源枯竭和生态失衡的严重后果，这将严重损害当代和后代人的利益。科技伦理治理在这一领域也扮演着重要的角色。科技伦理治理有助于确保科技的发展是可持续的，不会对环境造成过度负担，从而避免对环境和未来世代造成不可逆的损害。科技伦理规范可以约束高耗能、高污染的技术，减少不必要的资源浪费和环境破坏，同时引导资源配置优先发展这些可持续技术，促进绿色技术的应用，鼓励开发清洁可再生能源，推动绿色建筑和交通的发展，为可持续能源的未来提供了更加可靠的选择。此外，科技伦理治理也能够推动消费者和企业在科技使用上更加负责任。通过制定准则和规范，引导企业在生产和使用过程中注重环境保护，降低对自然资源的消耗。科技伦理治理还可以鼓励消费者在科技购买和使用上更加理性，避免浪费和过度消费，倡导绿色可持续的生产和生活方式，引导人类与自然构建新的伦理关系，为人类社会和地球的未来带来积极影响，推动科技与环境的和谐共生。

综上所述，科技伦理治理不仅有助于确保科技的正面效益，还应帮助构建一个以人为本、充满社会责任感的科技发展环境。它应该成为科技创新和应用过程中的重要指导原则，以实现更加人性化和有益的科技发展目标。

专栏4-9 《世界卫生组织卫生健康领域人工智能伦理与治理指南》

世界卫生组织于2021年6月28日正式发布了《世界卫生组织卫生健康领域人工智能伦理与治理指南》[79]，提出了确保人工智能符合所有国家公共利益的六项原则[80]。

（1）保护人类自主权。人工智能的使用可能导致决策权可以转移到机器的情况。自主原则要求使用人工智能或其他计算系统不会破坏人类的自主性。在医疗保健方面，人类应该继续控制医疗保健系统和医疗决策。尊重人类自主权还需要相关职责，以确保提供者安全、有效使用人工智能系统所需的信息，并确保人们了解此类系统在给予他们的护理中发挥的作用。还要求通过适当的数据保护法律框架保护隐私和保密性并获得有效的知情同意。

（2）促进人类福祉和安全以及公共利益。人工智能技术不应该伤害人类。人工智能技术的设计者应符合明确定义的使用案例或适应证的安全性、准确性和有效性的监管要求。应提供实践中的质量控制措施和随着时间的推移人工智能使用的质量改进。预防伤害要求人工智能不会导致可以通过使用替代实践或方法避免的精神或身体伤害。

（3）确保透明度、可解释性和可理解性。人工智能技术应该为开发者、医疗专业人员、患者、用户和监管机构所理解或了解。提高人工智能技术的透明度和使人工智能技术具有可解释性是两种广泛的增强可理解性的方法。透明度要求在设计或部署人工智能技术之前发布或记录足够的信息，并且此类信息有助于就技术的设计方式、应该或不应该以及如何使用进行有意义的公众咨询和辩论。人工智能技术应该根据其面对的解释对象的理解能力进行解释。

（4）发展责任和问责制。人类需要对系统可以执行的任务以及它们可以实现所需性能的条件进行清晰、透明的规范。利益相关者有责任确保人工智能能够执行特定任务，并确保在适当条件下由经过适当培训的人员使用人工智能。责任可以通过应用"人为维护"来保证，这意味着患者和临床医生在人工智能技术的开发和部署中进行评估。人工维护需要通过建立人工监督点来应用算法上游和下游的监管原则。如果人工智能技术出现问题，就应该追究责任。对于受到基于算法决定的不利影响的个人和群体，应该有适当的机制来进行质疑和纠正。

（5）确保包容性和公平性。包容性要求医疗卫生人工智能被设计用于鼓励尽可能广泛地适当、公平地使用和获取，而不论年龄、性别、收入、种族、民族、性取向、能力或受人权法保护的其他特征。与任何其他技术一样，人工智能技术应该尽可能广泛地共享。人工智能技术不仅应可用于高收入环境中的环境和需求，还应可用于中低收入国家的环境和能力以及多样性。人工智能技术不应该对可识别群体，尤其是已经被边缘化的群体不利的偏见进行编码。偏见是对包容性和公平的威胁，因为其可能导致对平等待遇的背离。人工智能技术应该最大限度地减少在提供者和患者之间、决策者和民众之间以及创建和部署人工智能技术的公司和政府与使用或依赖人工智能技术的公司和政府之间不可避免的权力差距。应监控和评估人工智能工具和系统，以确定对特定人群的不成比例影响。任何技术，无论是人工智能还是其他技术都不应维持或恶化现有形式的偏见和歧视。

（6）促进具有响应性和可持续性。响应性要求设计者、开发者和用户在实际使用过程中持续、系统和透明地评估人工智能应用程序。他们应该确定人工智能是否根据沟通的、合法的期望和要求做出充分和适当的响应。响应能力还要求人工智能技术与卫生系统、环境和工作场所的可持续性的更广泛促进保持一致。人工智能系统的设计应尽量减少其对环境的影响并提高能源利用率。也就是说，人工智能的使用应符合全球减少人类对地球环境、生态系统和气候影响的努力。可持续性还要求政府和公司解决工作场所的预期中断，包括培训医护人员以适应人工智能系统的使用，以及由于使用自动化系统而导致的潜在失业。

7. 加强科技伦理治理要注意哪些关键环节和重要问题

当代科技伦理问题带来的风险与挑战具有极大的广泛性、复杂性、未知性与不确定性，加强科技伦理治理的关键在于厘清不同专业领域内各共同体的主体责任与职能，建立并完善多元主体参与、全社会协同治理机制。

第一，加强顶层规划与指导。科技伦理治理是一个复杂的、系统性工作，需要建立自上而下的统一规划与指导。其中，伦理审查委员会作为科技伦理的主要管理机构，设有国际、国家与地区、专业机构等不同层级，用于加强国家与地区间在重点科技伦理领域内的准则制定，在对照既定目标制定科技伦理政策、收集和传播科技伦理政策执行效应、组织适当监测和评价机制并有针对性地提供技术伦理框架的工具等方面发挥重要作用。

第二，建立伦理共识基础。面对频发的科技伦理事件，虽然各科技领域内的伦理问题各有特点，但有必要及时提出一些普遍原则，为应对科技发展给人类和自然带来的挑战与困境提供解决问题的基础。一是要建立统一的科技伦理价值立场，如尊重、公正、安全、透明、可持续、负责任等。二是要在各分领域内针对不同行业或专业的科技伦理基本准则达成共识，如医学伦理领域中的自主原则、有利原则、不伤害原则、公平公正原则。

第三，落实科技伦理的治理要求。为了进一步完善科技伦理治理体系，加强科技伦理治理能力，2022年，中共中央办公厅、国务院办公厅印发《关于加强科技伦理治理的意见》，提出了关于科技伦理治理的具体要求，包括伦理先行、依法依规、敏捷治理、立足国情、开放合作五点内容。要求立足我国科技发展的历史阶段及社会文化特点，坚持开放的发展理念，将科技伦理要求贯穿于科学研究、技术开发等科技活动全过程，要依法依规地开展科技伦理治理工作，同时加强科技伦理风险预警与跟踪研判，及时动态调整治理方式和伦理规范，快速、灵活应对科技创新带来的伦理挑战[81]。

第四，制定政策法规条约。针对不同行业、专业领域内的科技伦理突出问题与潜在风险出台一系列政策法规，避免侵害人权、侵犯信息权益等伦理失范行为的发生，重视事前评估与事后反馈，明确各行为主体责任以及追责制度，如制定数据保护法案有效保护个人知悉权、访问权、整改权等数据权利，以法律规章保障科技向善发展。

第五，完善科技伦理教育体系建设。重视创新人才在科技伦理向度的技能与素养培育，建立并完善多阶递进的科技伦理教育体系建设。一是建立体系化、全过程教育理念，形成中小学阶段以启蒙教学为主、高等教育阶段以深化伦理责任理念为主、践行负责任创新为主的多层次、渐递进的教育体系。二是加快课程建设,编写不同教育教材所需的课程教材、设计教学大纲与考核指标等。三是重视师资队伍建设,组建跨学科的科技伦理师资队伍,利用交叉学科优势建立起科技伦理教学与科研的骨干力量,并加强系统培训与学习。四是优化教学方法设计。面对新兴科技伦理问题,更要注重科技伦理治理的场景应用性教学,需要不断丰富教学方法,采用案例教学、小组讨论、实地考察、伦理决策模拟等多种方式联合教学,提高学生科技伦理问题处理能力。

第六,加大科研支持力度。美国国立卫生研究院早在2009年就特别设立基金项目,支撑"负责任的研究行为"的培训。设立科技伦理专项研究,用以资助生命科学、人工智能等重点领域的调查研究,有利于收集多主体对科技伦理事件的知识、态度、行为等信息,建立科技伦理数据库与案例库,总结当前科技发展所面临的伦理困境,不断推动科技伦理问题理论研究、热点研究、前沿研究,持续深化科技伦理问题认识,并提出相应制衡措施。

第七,推进科技伦理普及工作。近年来,学术论文撤稿等诸多重大科技伦理事件,暴露了部分科技工作者伦理意识淡薄问题,凸显了科技伦理普及教育的紧迫性。因此,一要针对科技工作者加大主题教育宣传力度,牢固树立科技伦理道德观念。二是面向公众普及科技伦理知识,建立科技风险防范意识,提高广大社会公众的数字伦理素养,在尊重公民权利的伦理背景下收集更多数据信息,促进科技环境的向善发展。

第八,加快科技伦理审查体系建设。一是制定完善科技伦理规范和标准，建立科技伦理审查和监管制度，提高科技伦理治理法治化水平，严格科技伦理审查。二是加快建立健全突发公共卫生事件等紧急状态下的科技伦理应急审查机制。三是加强科技伦理监管，压实相关行业主管部门、资助机构监管责任，监测预警科技伦理风险、严肃查处科技伦理违法违规行为。

第九，加强国家与地区间的交流与合作。相较于科技先行国家，发展中国家的科技伦理治理进程普遍起步晚、体系不健全，尤其政策法规的制定具有一定滞后性。加强国际交流与合作有利于借鉴发达国家伦理治理的规划与举措，健全多层次的科技伦理治理体系。

专栏 4-10　国际生物伦理委员会起草《世界生物伦理与人权宣言草案》[82]

2005年，联合国教科文组织发布了由国际生物伦理委员会起草的《世界生物伦理与人权宣言草案》，确立了国际通用的生物伦理领域，尤其是涉及人类的科技伦理基本准则，并在第二条中提出了宣言的宗旨。

（1）提供一个普遍适用的原则和程序框架来指导各国制定生物伦理方面的法律、政策和其他文书。

（2）指导个人、群体、社区、公共或私人机构和公司的行为。

（3）根据国际人权法的精神，确保尊重人的生命从而促进尊重人的尊严，保护人权和基本自由。

（4）强调科学技术的研究和发展需要遵循本宣言所阐述的伦理原则，尊重人的尊严、人权和基本自由，同时承认科研自由的重要性以及科技发展所带来的益处。

（5）推动所有相关方之间和全社会就生物伦理问题开展多学科和多元化的对话。

……

8. 科技伦理教育对科技伦理治理的重要性

科技伦理教育作为科技伦理治理的基石，能够提升科技伦理治理的深度和广度，是实现科技伦理治理的重要途径。当代科技伦理问题呈现多领域并发、各有特点的局面，国家在高等教育阶段相继开设了不同程度、不同层次、不同性质的科技伦理课程，如在本科阶段的通识教育中开设伦理思辨类课程，在研究生阶段则面向不同专业以必修课、专业选修课形式开展科技伦理教育，普遍形成了"伦理通识＋专业学科＋应用伦理"的课程体系。还有部分高校深入开展科技伦理教育，如哈佛大学肯尼迪学院的科学、技术与社会中心开设了"生命伦理、法律与生命科学""伦理、生物技术与人类未来"等课程，麻省理工学院科技与社会中心开设"生命科学与生物技术的社会研究"课程[83]。目前，"工程伦理"课程已被正式纳入中国工程硕士专业学位研究生公共必修课。科技伦理教育有助于引导公众正确应对科技发展带来的伦理挑战和道德困境，具体而言，主要包含以下几个层面。

第一，强化科技工作者对社会责任的认同与担当，落实科技伦理治理的主体责任意识。科技伦理教育的推行能够使科技工作者了解科技失范行为的不良后果，在进入科技界之初就树立正确的科技创新观念，明确自身社会责任，强化科技伦理认同，掌握职业道德规范，推动落实科技向善发展的使命与责任，实现学术志趣、创新能力、个人价值、社会责任的有机统一；引导科技工作者主动思考"什么是好的工程师"以及"如何成为负责任的科学家"。

第二，提高科学决策能力，保障科技伦理治理工作的有效开展。科技伦理治理体系建设初期存在职责体系不健全、制度体系不完善、领域发展不均衡等问题，不能完全适应科技创新快速发展的需要。随着科技伦理教育的进一步开展，面向各级科技治理决策层的深入学习也随之而来，将有助于构建对科技伦理问题紧迫性、必要性、复杂性的认知共识，系统构建科技伦理治理的体系框架，强化、细化伦理治理措施和规则，提升把握科技发展规律与科技伦理阶段性特点能力，为科技伦理治理工作的深入开展提供有效保障。

第三，加快培育新发展格局下创新人才的伦理素养。当今国际社会的科技战不单单是技术创新能力的比拼，更是创新文化、创新制度、创新人才的综合实力竞争，这就对创新人才的综合素养提出了更高要求。科技伦理素养是新发展格局下创新人才培育的关键环节。科技伦理教育能够全面、系统培养创新人才的伦理知识、能力、思维、态度，使其不断调整、修正并完善自己的创新行为，增强创新行为与创新需求、个人特质、社会规范的适切性。

第四，普及科技伦理知识，创造科技向善的社会环境。国民科技伦理整体素养与水平的提升能够推动建设全社会形成科技向善的文化环境。科技伦理教育通过推广科技伦理研究的理论成果，普及科技伦理知识，促使社会公众形成正确的道德观、科技观，遵循数字伦理规范，恪守伦理规则底线，增强网络安全、数据安全防护意识和能力，加强个人信息和隐私保护，提高网络文明素养。

第五，推动公众参与科技伦理治理，提升科技伦理治理的整体效果。在科技伦理治理实践层面，公众是影响决策者与施行者的重要因素，科技伦理教育面向基础教育、高等教育与职业教育广泛开展，有利于创造科技向善的社会舆论环境，推动公众对于科技创新的参与、评价和监督，是科技伦理治理体系建设与实践的重要维度。

专栏 4-11　美国机构合作培训项目（CITI）

美国机构合作培训项目（Collaborative Institutional Training Initiative，CITI）创始于 2000 年，早期聚焦人类研究（Human Subjects Research，HSR）中的保护措施相关培训，其课程内容由迈阿密大学、华盛顿大学、达特茅斯学院等机构的诸多专家共同开发。CITI 于 2021 年起面向新兴技术伦理治理开设了"技术、道德与法规"课程，涵盖了各种技术及其相关的道德问题和治理方法[84]，内容主要包括：

（1）新兴技术和伦理概论。

（2）基因组编辑。

（3）人兽嵌合体研究。

（4）纳米医学发展现状。

（5）人体受试者研究中的人工智能和伦理。

（6）人体受试者研究中的人工智能的监管方法。

（7）机器人、伦理和医疗保健研究。

（8）医疗保健中的可穿戴技术研究。

（9）医疗保健中的生物识别技术研究。

（10）医疗保健和其他情境中的面部识别研究。

9. 科技伦理审查及其作用是什么

科技伦理审查是一种对科学研究、技术开发等科技活动是否符合科技伦理规范与要求的伦理评估，旨在保护科技活动参与者的社会权益与福祉、确保科技发展的向善目标，是开展科学研究的必要环节，也是科技伦理治理的重要组成形式。科技伦理审查涵盖科技研究、科技创新、科技应用和科技传播等各个环节，涉及自然科学、工程技术、社会科学和人文学科多个领域。

科技伦理审查始于第二次世界大战期间对于人类受试者的关注。当时，纳粹集中营中骇人听闻的人体实验引发了全球范围内对于战争期间科学应用的广泛关注与反思，揭示了科技在缺乏伦理框架时可能导致的严重后果，促使国际社会开始思考如何规范科技的发展与应用。

随着科学研究与应用越来越多地涉及人体试验，相关科技伦理问题集中地在这一领域爆发。美国塔斯基吉梅毒实验事件是公共卫生史上一起臭名昭著的事件，事件被揭露后，美国出台《国家研究法案》，设立了全国层面的生命伦理委员会——美国保护生物医学及行为学研究人类受试者全国委员会，其发布的《贝尔蒙报告》影响深远，建立了临床试验中伦理审查的基本原则。之后，科技伦理审查从医学领域逐渐也渗透到科学研究领域。

专栏 4-12　美国塔斯基吉梅毒实验事件

美国塔斯基吉梅毒实验事件是发生于 20 世纪中期一起严重的伦理和公共卫生事件。从 1932 年开始，美国公共卫生部门对数百名非裔美国男性开展一项梅毒研究的科学试验。这些男性在招募过程中被误导和欺骗，实验人员声称他们将为其提供免费医疗护理，然而，实际上他们在未经知情同意的情况下将这些男性暴露于梅毒病原体，然后对疾病的进展进行观察和记录。直到 1972 年被揭露，这项试验持续了近 40 年。这起事件引发了公愤和广泛的批评，使人们对人体试验和医学伦理的问题产生了深刻的反思。在该事件的直接冲击下，《国家研究法案》于 1974 年通过并生效，决定成立美国保护生物医学及行为学研究人类受试者全国委员会。

当下，科技伦理审查逐渐成为在科学研究过程当中需要遵循的重要行为规范，且涵盖了人工智能、基因编辑、生物技术等前沿技术领域。然而，随着科技的快速发展，科技伦理审查也面临着新的挑战和复杂性，需要不断更新相关的规则与框架，也需要社会各界更加深入而有效的合作。

科技伦理审查是进行科技活动时科研工作者需要加以遵循的行为规范。一方面，科技伦理审查强调科研工作者的负责任与公开透明：涉及人的相关研究中，科研人员需要公开研究方法与过程、研究结果和潜在利益冲突，以确保研究的可信度和公正性。另一方面，科技伦理审查也有助于加强科学工作者与其他研究人员、政策制定者、社会团体和公众的合作，共同探讨科技发展的方向和影响。

随着科技的快速进步和广泛应用，越来越多的国家意识到科技伦理问题的重要性，纷纷制定相关法律法规以适应前沿技术的发展。一些国际组织也在推动全球范围内的科技伦理标准，如联合国教科文组织制定的关于人类基因组编辑的国际准则，旨在引导各国在基因编辑领域进行负责任的研究和应用。

科技伦理审查可以通过制度化手段保障人类基本福祉。首先，专门的科技伦理委员会等审查机构在科研院所、高校、医院等普遍建立起来，负责审查和监督新科技的研发和应用。这些机构由跨学科的专家组成，从不同的专业视角确保科技的发展与应用符合人类社会的价值观念与道德伦理规范，避免科学研究的门槛高等特性造成科学研究中的地位不对称，从而产生侵害受试者权益的现象发生。同时，科技伦理审查还可以避免新的不平等出现，如在生命科学领域，基因治疗应用给个人与社会带来潜在新的不平等的风险，费用昂贵、流程复杂以及普及有限，往往使医疗服务和健康福祉更多地倾向于富裕阶层或地区，而贫困阶层或地区很难获得相应的机会和资源，从而可能加剧社会内部在技术应用方面导致的健康不平等和贫富差距。

科技伦理审查促进科技创新以负责任的方式进行。科技伦理审查面向科研从业者，要求在开展科技活动前全面预测和分析可能的伦理后果，并采取相应的风险管理措施。这一强制性规定需要科技人员接受专业伦理委员会的审查和监督。因此，科技伦理审查不断提醒科技工作者恪守科技伦理原则，在科技活动的设计、执行和完成的全过程中保持高度的伦理意识和道德素养，这有助于激发科技人员在创新过程中充分考虑社会需求和价值导向，避免在科学前沿研究中仅仅追求新颖和速度，而忽视可能带来的后果和风险，从而提升科技创新的质量和效益。

与此同时，科技伦理审查不仅在提升专业人士的科技伦理素养方面发挥着作用，还可以促进公众对科技伦理原则和规范的认同和遵守。公众通过认识相关法律法规和行业标准，了解国家和社会对开展科技活动所设定的底线和红线，树立正确的价值观、道德观与伦理观，能够识别有明显伦理风险的科学试验，拒绝不规范的受试者招募，并利用监督和举报等方式，维护自己的合法权益，维护社会安全、公共安全、生物安全和生态安全，助力避免违反科技伦理要求的行为发生。

科技伦理审查在全球科技交流与沟通中扮演着重要的文化基石角色，健全和完善科技伦理审查体系，不仅是国家科技发展的内在需求，更是确立国家形象的重要途径。完善科技伦理审查体系，建立科技伦理委员会制度，首先彰显国家对科技活动的重视与敬意，通过在国际科学舞台上树立良好的国际形象，强化国际舞台上的科技伦理治理软实力，从而加强国家在国际科技领域的地位与影响力；其次，一个国家的科技研究进展可能迅速产生深远的全球影响，健全科技伦理审查体系有助于体现一个国家对全人类福祉的担忧、关切和奉献。

10. 伦理委员会的主要职责与审查流程

伦理委员会是一个由专业人士组成的组织，其主要职责是审查和评估涉及伦理问题的科学研究、技术开发、医疗实践、社会实验等领域的活动。联合国教科文组织将伦理委员会定义为"作为伦理研讨和政策建议的平台"，并设置了四种生命伦理委员会开展审查工作：决策（咨询）委员会、医疗行业协会伦理委员会、医院伦理委员会和研究伦理委员会，而这四类伦理委员会也都有可能分布在国家、地区和地方三个层级中。从现实实践来看，伦理委员会主要出现在医疗机构、科研机构以及相关部门或国家层面，三者处于并存的状态并分别发挥相应的功能。

伦理委员会的成员通常来自多个学科领域，如哲学、医学、法学、社会学、心理学等，以确保在伦理审查中能够综合考虑不同的专业观点和伦理立场。委员会的成员需要具备高度的伦理敏感性、道德判断力和专业知识，能够对涉及伦理问题的科技活动提供准确和全面的评估。

伦理委员会的任务包括但不限于：

（1）伦理监督与审查：对涉及伦理问题的科研项目、医疗实践、技术开发等进行审查，确保在伦理和道德上符合规范；并对重点项目进行持续跟踪，确保其在执行过程中始终符合伦理要求，随时做出必要的调整和决策。

（2）风险评估：评估可能的风险和利益，以及如何最大化地保障参与者的权益和社会公共利益。

（3）咨询与建议：为科学研究人员、医生、工程师等提供关于伦理问题的咨询和建议，以为他们在工作中处理复杂的伦理难题提供帮助。

（4）制定指导方针：制定政策领域相关伦理准则和指导方针，帮助相关机构和从业者在实践中遵循伦理原则。

伦理委员会的审查流程一般为以申请—审查—认证的方式进行，具体来说主要包括以下流程：

（1）提交申请：研究人员或从业者需要向伦理委员会提交申请，详细说明研究或项目的内容、目的、方法、参与者、风险和预期收益等信息。

（2）初步审核：伦理委员会对提交的申请进行初步审核，确保申请的完整性、准确性，并检查是否符合伦理准则和法规要求。在必要时要求申请人修改或补充。

（3）伦理审查：委员会的成员对申请进行详细的伦理审查，通过考察受试者权益、隐私保护、知情同意、风险管理等因素，评估项目的伦理风险和潜在影响。

（4）修订与反馈：如果审查中发现问题或需要进一步提供信息，伦理委员会提出反馈意见并要求申请人修改。申请人需要根据反馈修订，确保申请符合伦理要求。

（5）委员会讨论和决策：伦理委员会成员通常会召开会议讨论申请并决策。可以批准申请、拒绝申请或要求进一步修改申请。

（6）通知申请人：伦理委员会向申请人发送审查结果，包括是否批准、需要修改的内容或拒绝原因。

（7）审查结束：一旦申请得到批准，研究人员或从业者可以开始实施计划。对于涉及人的相关重要活动，伦理委员会可能会定期跟踪审查，以确保项目持续符合伦理标准。

同时，伦理委员会的审查流程可能会因国家法规、机构政策以及伦理问题的特点而有所不同。一些伦理委员会还可能会有预先审查或内部审核等程序，以确保申请在正式提交伦理委员会之前已经进行了充足的准备和审查。

目前，涉及人的相关科研项目经由伦理委员会审查再申请已经成为一种要求，2023年度国家自然科学基金项目申请规定中就明确了相关要求。

专栏 4-13　美国伦理委员会的相关规定

（1）每个伦理委员会应至少有五名成员，他们具有不同的背景，以促进对该机构通常开展的研究活动进行完整和充分的审查。伦理委员会应通过其成员的经验和专业知识，以及成员的多样性，包括考虑种族、性别、文化背景和对社区态度等问题的敏感性，获得足够的资格，以促进尊重其在保障人类受试者权利和福利方面的建议和意见……因此，伦理委员会应包括在这些领域有知识的人。如果伦理委员会定期审查涉及弱势受试者类别的研究，如儿童、囚犯、孕妇、残疾人或智障者，应考虑纳入一名或多名对这些受试者有知识和经验的个人。

（2）将尽一切努力确保伦理委员会不完全由男性或由女性组成，包括该机构考虑合适的男女人员比例，不得以性别为由选择伦理委员会。任何伦理委员会都不能完全由一个行业的成员组成。

（3）每个伦理委员会应包括至少一名主要关注科学领域的成员和至少一名主要关注非科学领域的成员。

（4）每个伦理委员会应包括至少一名与该机构无关联的成员，且不属于与该机构有关联的人的直系亲属。

专栏 4-14　2023 年度国家自然科学基金项目申请规定中的伦理要求

申请人及主要参与者应当严格遵循科学界公认的学术道德、科技伦理和行为规范，涉及人的研究应当按照国家、部门（行业）和单位等要求通过伦理审查；……申请人应当将申请书内容及科研诚信和科技伦理要求告知主要参与者，确保主要参与者全面了解相关内容和要求。申请人及主要参与者均应当对申请书内容和证明材料的真实性、完整性及合规性负责。申请人应当加强对课题组成员尤其是参与课题研究学生的相关教育培训。……依托单位应当建立完善的科技伦理审查机制，防范伦理风险。按照有关法律法规和伦理准则，建立健全科技伦理管理制度；加强伦理审查机制和过程监管；强化宣传教育和培训，提高科研人员在科技伦理方面的责任感和法律意识。

11. 如何积极参与科技伦理的全球治理

当前，全球各国普遍面临科技飞速发展带来的科技伦理挑战。一方面，新一代数字技术的持续创新和广泛应用，虽然给人们的生活带来了诸多便利，但也带来了不可忽视的不确定性风险。这些风险在众多领域有所体现，如基因编辑技术涉及的伦理争议、无人驾驶汽车技术带来的责任和道德问题、数字化技术和人工智能算法引发的隐私保护问题，以及生成式人工智能如 ChatGPT 的出现引发的全球热议和伦理思考。尽管这些问题日益引起人们的关注，但目前全球尚未形成行之有效的科技伦理治理框架和统一方式，也未能达成全球共识的科技伦理治理标准。

另一方面，科技伦理问题逐渐呈现泛政治化和泛意识形态化趋势。在全球范围内，大国间的激烈竞争不再仅限于经济领域，更逐渐扩展至科技伦理标准和治理规则方面。国与国之间的竞争焦点已逐渐聚焦于科技领域，其中政治、经济等诸多领域的问题与科技议题相互交织，更增添了问题的复杂性。部分国家和共同体甚至试图通过制定相关概念或伦理标准来遏制他国科技的发展，从而将科技伦理问题"政治化"，这在很大程度上加剧了全球科技伦理治理的困难和挑战。各国须共同协作、不断创新，并努力完善全球科技伦理治理框架，以推动科技发展不断朝着造福人类的方向前进，主要包括以下几个方面。

一是强化本国科技伦理监管。各国需高度重视自身科技发展过程中的伦理风险与治理规则，构建科技伦理监管体系。一方面需加强政府和公共部门对新兴科技的伦理审查与监管；另一方面，针对科技发展可能出现的伦理风险，建立有力的惩处机制和法律约束。此外，完善科技伦理准则，并在培养科技人才的伦理素养方面付诸努力。

二是积极借鉴国际经验。当前，我国科技创新快速发展，然而在科技伦理治理方面仍然面临着体制机制不健全、制度不完善以及领域发展不平衡等一系列挑战，现有的治理机制难以满足科技创新持续发展的实际需求。西方发达国家在科技伦理治理领域积累了较为丰富的实践经验，这些经验对于我国科技伦理治理体系的构建与完善具有借鉴意义。我国不仅应该积极学习和吸取西方发达国家在科技伦理规范、法律体系、伦理评估等方面的先进理念和方法，更应当将其与我国独特的国情和文化传统相结合，探索具有中国特色的科技伦理治理体系。

三是合理管控伦理倾销。伦理倾销是指来自一个国家的研究人员在另一个国家进行不被其母国允许或容易引发争议的研究的现象，这种行为有时也被称为"直升机研究"。典型的理论倾销事件包括桑人基因组学研究、印度宫颈癌筛查研究、中国安徽村民血液样本研究等。当前，全球正面临着严峻的"伦理倾销"挑战。近年来，国际社会已经采取了一系列应对举措。比如欧盟采用的《资源匮乏环境下研究的全球行为准则》

（GCC）、非洲发布的《研究伦理准则》《关于在不平等的世界中促进科研诚信的开普敦声明》（"开普敦声明"，2022年）等。为此，我国应将伦理倾销治理纳入科技伦理治理的核心议程，加强对国际合作研究活动的科技伦理审查和监管，通过不断完善相关机制，严防境外研究势力可能利用我国监管漏洞，开展可能损害国家和人民利益的研究。

四是推动构建人类命运共同体。由于历史背景、文化传统、法律体系、社会制度等各方面的不同，世界各国在科技伦理问题上的理解和应用确实存在差异。然而，人类共同的基本价值观却是相对稳定的。在科技全球化的新时代背景下，中国作为世界科技强国，有责任积极推动世界各国在科技伦理治理方面的相互依存、相互促进与相互联系，共同构建一个更加公平、透明、负责任的国际科技伦理环境。比如，2018年春，由联合国教科文组织立项的《人工智能伦理建议书》经过193个成员国之间超过100小时的多边谈判修订，于2021年在联合国教科文组织第41届大会上获得通过，体现了科技伦理治理领域多边主义的胜利。近年来，我国先后向联合国提交了《关于规范人工智能军事应用的立场文件》《中国关于加强人工智能伦理治理的立场文件》，进一步印证了我国政府对于积极参与科技伦理全球治理的坚定立场。

总之，科技伦理治理不仅是一国的责任，更是全球各国的共同使命。作为科技大国的中国，应该持续积极参与和推动国际合作，共同构建科技伦理的全球治理新格局，为人类文明的进步与科技造福人类贡献中国智慧和中国力量。

专栏 4-15　安徽村民血液样本研究

1995 年，在中国安徽大别山地区，一家美国著名大学的研究小组与当地研究机构、政府合作，展开了一项大规模的血液样本采集活动。他们声称为村民提供免费体检，并得到了当地政府的协助，从八个县的村民身上采集了血液样本。

这些样本被送往美国，用于研究多种疾病，如哮喘、糖尿病和高血压。其中，哮喘研究就转移了 16400 个 DNA 样本。由于这些样本的潜在价值，研究小组获得了国际组织的大量资金。

这一项目的操作却引发了众多争议。虽然宣称参与人数为 2000 人，但实际招募了 16686 人。对参与人员的津贴金额被削减，样本体积远超批准量，且未得到中国相关伦理委员会的许可。许多参与人并未被告知正在参与研究，他们也未在任何"知情同意书"上签字或留下指印。

美国的一家制药公司，作为资金提供方，最终从中获利。有关哮喘基因的声明吸引了数百万美元的投资，股票价格飙升。管理人员通过股票交易赚取了数百万美元的利润。

相比之下，虽然中国的研究机构和科学家通过合作获得了资金和发表论文的机会，但参与此研究的人只得到了微不足道的津贴和一顿简餐。

这一事件揭示了典型的伦理倾销问题，涉及知情同意和受试者权益的保护等问题，展示了科技伦理治理的复杂性，涉及多个层面的利益冲突和权责问题。

推荐阅读书目

1. 李正风主编. 工程伦理. 北京：高等教育出版社，2023.
2. [美]希拉·贾萨诺夫著. 发明的伦理：技术与人类未来. 尚智丛，田喜腾，田甲乐译. 北京：中国人民大学出版社，2018.
3. [美]蕾切尔·卡逊著. 寂静的春天. 吕瑞兰，李长生译. 上海：上海译文出版社，2007.

第 五 篇

追求卓越：
共同责任与共同行动

　　进入 21 世纪，人类社会在众多科技领域都取得了历史性进步，但与此同时，科技活动的失范现象、伦理问题也变得越来越严重，科学道德和学风建设、科技伦理治理日益受到社会各界的广泛关注。加强科学道德和学风建设、加强科技伦理治理不仅要守住底线，而且要引导科学技术不断走向高质量发展的轨道，追求卓越。需要特别注意的是，不论是守住底线还是追求卓越，都是诸多参与者的共同责任与共同行动。近些年来，我国政府部门、高校和科研院所、科学共同体、科技工作者都纷纷行动起来，在净化科研环境、促进科技健康发展方面，取得了重要进展，也涌现了许多优秀典范。

1. 政府

政府在科学道德和学风建设、科技伦理治理方面扮演着重要角色。政府的职责在于，通过制定法律、提供资金、推动教育、监督和执行，创建一个有利于诚实、透明、道德和高质量研究与创新的环境，同时确保科学研究和技术应用的社会和伦理影响得到有效管理和监督。在科学道德和学风建设、科技伦理治理方面，世界范围内的一个普遍趋势是政府的作用比较突出。具体来说，政府在科学道德和学风建设、科技伦理治理方面的职责主要表现在以下三个方面。

第一，政府部门从宏观层面对科研道德与学风建设、科技伦理治理的总体目标、中长期发展规划进行顶层设计和统筹协调。例如，在2019年6月11日印发的《关于进一步弘扬科学家精神加强作风和学风建设的意见》中，对作风和学风建设的目标做出明确规定：力争一年内转变作风改进学风的各项治理措施得到全面实施，三年内取得作风学风实质性改观，科技创新生态不断优化，学术道德建设得到显著加强，新时代科学家精神得到大力弘扬，在全社会形成尊重知识、崇尚创新、尊重人才、热爱科学、献身科学的浓厚氛围，为建设世界科技强国汇聚磅礴力量。

第二，政府部门积极促进相关领域的法律、法规的制定。例如，以《中华人民共和国科学技术进步法》（2021年修订）为核心，各级政府通过并出台了一系列与科学技术活动相关的法律法规、意见要求和制度规范。2018年印发的《关于进一步加强科研诚信建设的若干意见》，明确提出了科研诚信建设的基本原则和主要目标，规定了科研诚信管理工作的机制和责任体系，规划了一系列推动科研诚信建设的政策举措；2022年印发的《关于加强科技伦理治理的意见》，提出了科技伦理治理工作的总体要求和科技伦理的基本原则，规定了科技伦理治理的方法与路径等内容。

第三，政府部门积极开展科研失信行为的审查、监督和惩戒工作。科研失信行为严重损害了科研活动的公正性和可信度，威胁着科技创新的正常发展，需要政府部门介入，发挥审查、监督和惩戒的职能。例如2019年印发的《关于进一步加强科研诚信建设的若干意见》提出，要严厉打击严重违背科研诚信要求的行为，对科研失信行为零容忍，各分管部门要切实履行调查处理责任，开展联合惩戒行动，加强科研诚信信息跨部门跨区域共享共用。2022年印发的《科研失信行为调查处理规则》，就科研失信行为调查中的举报、调查、处理、复查、保障监督做了明确的规定，是规范科研失信行为的重要法规依据。遵守科研规范、保持科研诚信是每位科技工作者的义务。

专栏 5-1　部分法律法规、政策文件中对政府部门分工的规定

《中华人民共和国科学技术进步法》（2021 年修订）摘录

第一百零三条　国家建立科技伦理委员会，完善科技伦理制度规范，加强科技伦理教育和研究，健全审查、评估、监管体系。

科学技术研究开发机构、高等学校、企业事业单位等应当履行科技伦理管理主体责任，按照国家有关规定建立健全科技伦理审查机制，对科学技术活动开展科技伦理审查。

第一百零四条　国家加强科研诚信建设，建立科学技术项目诚信档案及科研诚信管理信息系统，坚持预防与惩治并举、自律与监督并重，完善对失信行为的预防、调查、处理机制。

县级以上地方人民政府和相关行业主管部门采取各种措施加强科研诚信建设，企业事业单位和社会组织应当履行科研诚信管理的主体责任。

《关于进一步弘扬科学家精神加强作风和学风建设的意见》（见附件二）

《关于加强科技伦理治理的意见》（2022年）摘录

三、健全科技伦理治理体制

（一）完善政府科技伦理管理体制。国家科技伦理委员会负责指导和统筹协调推进全国科技伦理治理体系建设工作。科技部承担国家科技伦理委员会秘书处日常工作，国家科技伦理委员会各成员单位按照职责分工负责科技伦理规范制定、审查监管、宣传教育等相关工作。各地方、相关行业主管部门按照职责权限和隶属关系具体负责本地方、本系统科技伦理治理工作。

四、加强科技伦理治理制度保障

（一）制定完善科技伦理规范和标准。制定生命科学、医学、人工智能等重点领域的科技伦理规范、指南等，完善科技伦理相关标准，明确科技伦理要求，引导科技机构和科技人员合规开展科技活动。

（二）建立科技伦理审查和监管制度。明晰科技伦理审查和监管职责，完善科技伦理审查、风险处置、违规处理等规则流程。建立健全科技伦理（审查）委员会的设立标准、运行机制、登记制度、监管制度等，探索科技伦理（审查）委员会认证机制。

（三）提高科技伦理治理法治化水平。推动在科技创新的基础性立法中对科技伦理监管、违规查处等治理工作作出明确规定，在其他相关立法中落实科技伦理要求。"十四五"期间，重点加强生命科学、医学、人工智能等领域的科技伦理立法研究，及时推动将重要的科技伦理规范上升为国家法律法规。对法律已有明确规定的，要坚持严格执法、违法必究。

专栏 5-2　21 世纪以来有关科学道德和学风建设的主要法律法规和政策文件

发文单位（年份）	文件名称
科技部（2006）	《国家科技计划实施中科研不端行为处理办法（试行）》
中国科协（2007）	《科技工作者科学道德规范（试行）》
中国科协（2009）	《学会科学道德规范（试行）》
水利部（2009）	《关于在干部教育培训中进一步加强学风建设的实施意见的通知》
卫生部办公厅（2010）	《关于开展科研诚信宣传教育活动的通知》
教育部（2011）	《关于切实加强和改进高等学校学风建设的实施意见》
教育部（2012）	《关于进一步规范高校科研行为的意见》
教育部（2012）	《高等学校学风建设实施细则》
中国科协、教育部、科技部、卫生计生委、中科院、工程院、自然科学基金会（2015）	《发表学术论文"五不准"》
中共中央办公厅、国务院办公厅（2018）	《关于进一步加强科研诚信建设的若干意见》

续表

发文单位（年份）	文件名称
中共中央办公厅、国务院办公厅（2019）	《关于进一步弘扬科学家精神加强作风和学风建设的意见》
国务院（2019）	《中华人民共和国人类遗传资源管理条例》
全国人大常委会（2020）	《中华人民共和国生物安全法》
全国人大常委会（2021）	《中华人民共和国科学技术进步法》（第二次修订）
卫生健康委、科技部、国家中医药管理局（2021）	《医学科研诚信和相关行为规范》
农业农村部办公厅（2021）	《农业科研诚信建设规范十条》
科技部等二十二部门（2022）	《科研失信行为调查处理规则》
中共中央办公厅、国务院办公厅（2022）	《关于加强科技伦理治理的意见》
中国科协（2022）	《中国科学家精神宣讲团建设标准》
中国科协等八部门（2023）	《2023年全国科学道德和学风建设宣讲教育工作要点》
中国科协、教育部（2023）	《"科学家（精神）进校园行动"实施方案》
中国科协等七部门（2023）	《关于开展2023年科学家精神教育基地建设与服务工作的通知》
卫生健康委、教育部、科技部、国家中医药管理局（2023）	《涉及人的生命科学和医学研究伦理审查办法》

2. 科学共同体

科学共同体是指具有专业技能的社会群体，成员具有相同或相似的价值取向、文化生活和内在精神，遵循共同的道德规范和行为准则，致力于科学研究和技术创新，推动科技进步与知识传播。科学共同体是一个多元化的社会网络，通过合作与共享、自我监督和同行评审、科学传播与伦理共建等方式，推动科学与技术的不断发展。科学共同体在科学道德和学风建设、科技伦理治理方面发挥着重要作用。

首先，科学共同体积极推进科学道德和学风建设、科技伦理治理的深入研究，促进相关教育工作在全社会展开。他们通过承担重大科技伦理研究项目、开展科技伦理社会热点问题研讨等方式，对科学道德、科技伦理和学风建设展开深入研究，在理论与认知上不断深化。通过开发相关课程、研讨伦理案例、在职培训等方式，增强科技从业者的伦理意识，帮助他们辨识科学活动中的伦理问题，提升应对伦理挑战的能力。

其次，科学共同体建立和遵守相关的准则和规范，自觉开展自我监督与同行评价活动。例如，成立于 1962 年的中国计算机学会，专门制定了《中国计算机学会职业伦理与行为守则》[85]，明确规定计算机专业人员应当诚实地面对专业、行业和公众，应当坦率地回应专业问题，包括自身的能力、资质以及专业困难，不得虚假宣传、故意误导、隐瞒重要信息等，应该遵守合同、协议等相关规定，不得利用信息不对称等手段谋取私利。同时，还规定计算机专业人员应该始终遵守公平公正的原则，努力为所有人提供公平参与的机会，特别是那些代表性不足的群体。学会的职业伦理与行为守则，是计算机从业人员开展自我监督与同行评价的重要依据。

最后，科学共同体积极开展负责任的研发活动，确保科技健康发展，造福人类。例如，为了应对气候变化导致的危机，世界工程界对气候紧急状态做出响应，世界工程组织联合会（World Federation of Engineering Organizations，WFEO）于2020年发布《WFEO气候紧急状态宣言》，该宣言由27个地区和国家的工程机构签署，其主要目的是寻求和提供应对气候变化的解决方案，增强社会福祉。

专栏 5-3　中国化工学会工程伦理守则[86]

中国化工学会会员要发扬爱国、敬业、诚信、友善的精神，不仅应具备合格的专业能力，而且应具有高尚的职业道德情操和工程伦理素养，在享受会员荣誉的同时承担社会责任，维护职业声誉，不断完善自我，用专业知识和技能造福人民、造福社会。中国化工学会特制定本守则，用以规范全体会员在从事工程、技术、科研、教育、管理和社会服务等工作中的行为。同时倡导广大化工行业从业者共同遵守本守则。

（1）在履行职业职责时，把人的生命安全与健康以及生态环境保护放在首位，秉持对当下以及未来人类健康、生态环境和社会高度负责的精神，积极推进绿色化工，推进生态环境和社会可持续发展。

（2）如发现工作单位、客户等任何组织或个人要求其从事的工作可能对公众等任何人群的安全、健康或对生态环境造成不利影响，则应向上述组织或个人提出合理化改进建议；如发现重大安全或生态环境隐患，应及时向应急管理部门或其他有关部门报告；拒绝违章指挥和强令冒险作业。

（3）仅从事自己合法获得的专业资质或具有的能力范围之内的专业性工作；保持专业严谨性，对自己的职业行为高度负责；严格审视自己的专业工作，客观评价他人的专业工作，并以专业能力和水平为唯一依据，不受其他因素干扰。

（4）在职业工作中对所服务的工作单位以及客户秉持真诚、正直和契约精神，主动避免利益冲突，恪守有关保密条例或约定；在需要披露信息时，或在网络等公开场合发表与专业相关的言论时，应以高度负责的精神做到诚实、客观。

（5）尊重和保护知识产权，杜绝一切损害工作单位以及其他任何组织、个人知识产权的行为；遵守学术道德规范，尊重他人科技成果，拒绝抄袭、造假等一切学术失德行为。

（6）在从事鉴定、评审、评估等专业咨询时应以诚实、客观、公正为行事准则，拒绝虚假鉴定、虚假评审、虚假评估；廉洁自律，拒绝贿赂、利益交换等一切腐败行为。

（7）在整个职业生涯中应注重不断学习，追求卓越，注重发挥个人专长，以良好的职业操守和工作业绩建立并提升个人职业声誉。

（8）在职业工作中保持客观、公正、公平和相互尊重，积极营造包容、合作的工作环境，促进团队合作，尊重他人专长，为下属提供职业发展机会，杜绝歧视和骚扰。

（9）在涉及境外或域外的职业活动中，应充分尊重当地文化和法律；应了解相关国家或地区的工程技术规范及其与我国相关规范的不同，针对涉及重大安全、生态环境保护问题的事项，应遵从要求等级较高的工程技术规范。

专栏 5-4　世界工程组织联合会和世界工程界关于气候行动的承诺[87]

（1）继续提高对气候紧急状态和迫切需要采取行动的认识。

（2）扩大知识和研究的交流，以促进和激励减缓与适应气候变化的能力建设。

（3）努力建设一个工程社群，使多元化和包容性的成员共同努力制定出创新型的减缓气候变化的策略。

（4）在减缓和适应气候变化的最佳实践方面为发展中国家提供关于工程知识的支持。

（5）利用世界工程组织联合会的全球影响力和关联关系收集关于气候变化对全球妇女和弱势群体的影响的证据。

（6）应用并进一步确立减缓和适应气候变化的原则，这是工程行业成功的关键指标。

（7）升级现有的已建基础设施系统，这是实现生命周期碳排放和包容性社会成果的最有效解决方案。

（8）运用生命周期成本、生命周期碳排放建模和建设后评估，来优化和减少隐含碳、运营碳和用户碳的碳排放。

（9）在实践中采用更多的再生设计原则，提供能够产生完整基础设施系统的工程设计，以实现 2050 年净零碳排放经济的目标。

（10）加强气候公约、世界工程组织联合会及其成员、准成员和合作伙伴以及参与设计和提供完整基础设施的所有专业人员之间的合作水平。

（11）与我们的成员、准成员和合作伙伴一起努力实现这一承诺。

3. 大学与科研机构

高校与科研机构作为培育新时代创新人才的理念革新者与实践者，能够引导科研人员增强负责任的创新意识，坚守科研诚信底线，自觉弘扬新时代科学家精神，营造追求卓越的良好学术生态。党的十八大以来，中国高校与科研机构围绕党中央、国务院对科研诚信与作风学风建设的部署，认真落实新时代人才评价机制改革的相关要求，不断创新教育理念，持续革新教育方式，在培养追求卓越的创新人才方面出台新举措、取得新进展。

第一，成立执行机构，落实科技伦理治理的主体责任。2022年3月22日，高校科技伦理教育专项工作启动会在清华大学召开，高校科技伦理教育专项工作有序展开。各高校相继成立了科技伦理委员会，以落实学校科技伦理治理的主体责任，为学校进一步提高科技伦理治理能力作出统一规划和部署。

第二，创新教育理念，加快构建负责任的教育体系。高校与科研院所以立德树人为己任，深刻理解与把握中国式现代化对高素质创新人才的内在要求，主动分析未来对人才在综合素养、知识结构、能力水平等方面的要求，不断推进教育教学改革，把科技向善的价值理念融入立德树人的全过程，积极探索有中国特色的科技伦理教育体系，为科技伦理教育制定中国方案。

第三，树立底线思维，深入开展科研诚信与学风建设。在教育教学过程中，大学和科研机构要坚持立德树人，加强科研诚信建设，将科技伦理与科学道德融入日常的教学与科技人才评价工作当中，构建良好的学风以及风清气正的学术氛围，引导科研工作者树立底线思维，培育创新人才严谨的学术态度与优良的科学作风。

第四，担当时代使命，为培育卓越的创新人才贡献中国智慧。党的二十大报告中指出，教育、科技、人才是全面建设社会主义现代化国家的基础性、战略性支撑[88]。高校与科研院所应当认识到培养高质量的卓越人才是一项重大而紧迫的任务，关乎人才强国建设和构建人类命运共同体，积极主动承担培养卓越人才的时代使命，通过建设高水平师资队伍、搭建多元化的育人平台、构建产教融合协同育人机制等措施持续创新人才培养范式，不断推动育人模式改革，为高质量人才培养提供有力支撑。

专栏 5-5　培养卓越医生，追求世界一流

作为中国乃至全球具有极高声誉的医学教研机构，北京协和医学院为近现代中国医学的发展培养了大批的学科奠基人和学术骨干。从 2018 年起，北京协和医学院率先开展临床医学专业培养模式的试点改革，致力于培养"思想品德高尚、具有宽厚的知识基础、扎实的临床技能和优秀的职业素养，并具备多种发展潜能，追求卓越、引领未来的医学领军人才"[89]。

为实现"在中国创办世界一流医学院"的目标，北京协和医学院不断建设"协和三宝"，以"名教授""病案室""图书馆"为核心，凝结协和人医疗技术、经验、临床思维过程的精华，为国家医药卫生事业改革发展和医学科技创新提供决策咨询，为培养更多、更高质量的医学人才贡献中国智慧[90]。

专栏 5-6　清华大学践行"三位一体"教育理念，培养追求卓越的创新人才

2022 年 7 月 24 日，教育部印发《关于批准 2022 年国家级教学成果奖获奖项目的决定》，清华大学《践行"三位一体"教育理念，培养肩负使命、追求卓越的创新人才》获评高等教育（本科）国家级教学成果奖特等奖[91]。

正如清华大学校党委书记邱勇在国家级教学成果评选答辩现场所言，"三位一体"教育理念是"以价值塑造为引领，强调在能力培养和知识传授的过程中实现价值塑造，体现了育人过程中价值、能力和知识之间的有机融合"。价值塑造是学校教育的第一要务和育人的根本；能力培养要让学生在受教育的过程中获得更广阔的成长空间；知识传授要使学生具备核心的专业素养和跨学科的知识结构。"三位一体"的教育理念落到实处，就是要让清华培养的学生真正成为肩负使命、追求卓越的创新人才。

2014 年，清华大学率先启动综合改革，推出了一系列力求解决制约学校发展深层次矛盾问题的改革创新举措，其中"三位一体"一词首次出现在清华大学第 24 次教育工作讨论会上。2018 年，清华大学第 25 次教育工作讨论会上正式确立了"三位一体"的教育理念并制定了 37 项行动方案，近些年来随着全面改革的推行与教学实践的开展，"三位一体"逐渐发展确立为价值塑造、能力培养、知识传授的教育理念，在"三位一体"教育理念指引下，一系列教育教学改革举措取得明显成效，为推动我国高等教育理念创新和培养卓越人才方面发挥了示范引领作用。

专栏 5-7　中国科学院加强科技伦理治理，推动科学道德和学风建设

作为我国自然科学与科技创新的重要机构，中国科学院在推动科学研究与技术创新的同时，十分关注科技伦理、科学道德以及学风建设，重视科学的道德准则与社会责任。

在《中国科学院关于科学理念的宣言》[92]中，中国科学院强调了科学的文化内涵与社会价值，明确了四大科学的道德准则：诚实守信、信任与质疑、相互尊重、公开性。基于科学技术与人类社会的密切联系，科学家应该承担起应有的社会责任，自觉遵守人类社会和生态的基本伦理，对科学技术的负面影响予以规避，增强历史使命感和社会责任感。在《中国科学院关于加强科研行为规范建设的意见》[93]中，中国科学院围绕科研行为规范进行了较为系统的制度构建和工作安排。第一，建立和维护科研行为规范。第二，明确科研行为的基本准则。第三，加强学术环境建设。第四，防治科学不端行为。第五，加强领导健全组织。

2022年10月，中共中国科学院党组印发了《中共中国科学院党组关于加强科技伦理治理的实施意见（试行）》的通知[94]，明确了七点要求：第一，健全我院科技伦理治理体系，完善科技伦理管理的工作机制。第二，建立涉及科技伦理敏感领域的科技项目伦理审查机制。第三，加强院属单位科技伦理工作的监管。第四，加强科技伦理问题研究，前瞻预判科技伦理风险。第五，严肃查处违反科技伦理规范的行为。第六，加强科技伦理治理的国际合作和交流。第七，加强科技伦理教育培训，做好科技伦理传播工作。

专栏 5-8　中国科学技术大学成立科技伦理委员会

2022年12月，为贯彻落实中共中央办公厅、国务院办公厅印发的《关于加强科技伦理治理的意见》，中国科学技术大学成立了科技伦理委员会，促进科技伦理治理，推动建设科技伦理体系。在正式成立校科技伦理委员会之前，中国科学技术大学已经建设了三个学科类伦理委员会，分别为实验动物管理委员会、附属第一医院医学研究伦理委员会、附属第一医院医疗技术应用伦理委员会，从事实验动物、临床试验、生殖医学等方面的相关伦理审查工作。2022年12月19日，中国科学技术大学召开了第一届科技伦理委员会成立大会暨第一次全体会议[95]，正式成立了校科技伦理委员会，校科技伦理委员会主任委员杜江峰副校长在会上表示："科技伦理是开展科学研究、技术开发等科技活动需要遵循的价值理念和行为规范，是促进科技事业健康发展的重要保障。"包信和校长指出，近年来随着基因编辑、人工智能、新能源汽车、新材料等高技术产业迅速发展，科技的不确定性及其隐藏的风险也日益凸显，在他本人和相关专家的建议下，国家正在逐步加强科技伦理的建设，国家科技伦理委员会的成立和今年年初中共中央办公厅、国务院办公厅印发的《关于加强科技伦理治理的意见》都是国家越来越重视科技伦理的具体体现。中国科学技术大学的科技伦理委员会由若干名委员组成，设有主任一名、副主任两名，委员分为专家委员和职能部门委员。委员会的主要职能在于制定完善相关的政策制度，对科技伦理的相关工作提供指导，并对科研项目以及研究活动进行伦理审查。校科技伦理委员会的成立，体现了中国科学技术大学对科技伦理治理、科学道德建设的关注和重视，为促进科技向善和提升科技创新能力贡献力量。

4. 科技工作者的职责与行动

科学家精神是科技工作者在长期科学实践中积累的宝贵精神财富。新发展格局下科技工作者要在自觉践行和大力弘扬爱国、创新、求实、奉献、协同、育人的科学家精神的基础上，不断加强作风和学风建设，成长为新时期追求卓越的创新人才。

第一，筑牢家国情怀，主动担当科技报国使命。当今世界正经历百年未有之大变局，新科技革命深刻重塑着全球产业链，全球治理体系正经历深度变革，作为未来创新发展的"第一资源"，科技工作者要牢记时代嘱托，心怀"国之大者"，勇于担当高等教育在新时代新征程的使命，坚持以传承红色基因、服务国家战略为己任。

第二，坚守学术道德，争当恪守规范的科研楷模。科研诚信是科技创新的基石，科技工作者要自觉坚守学术道德，维护学术尊严，弘扬求真务实、严谨自律的学术精神，严格遵守相关法律法规，遵循科学共同体公认的行为规范，定期开展科研诚信与学术道德的自律、自省、自查，努力成长为德才兼备的科技工作者，争做践行社会主义核心价值观的楷模、弘扬中华民族传统美德的典范。

第三，追求卓越，敢为专业领域的创新表率。科技是国家强盛之基，创新是民族进步之魂，当前，中国重要的科技领域仍然面临"卡脖子"问题，亟须提高本土的自主创新能力，提升科技核心竞争力。科技工作者要主动对标"高精尖缺"人才培养目标，聚焦各自的专业领域，勤于钻研、勇于创新、长于探索、躬耕不辍。

第四，不忘初心，勇挑造福社会的学术责任。科技工作者要时刻牢记"人民就是江山，江山就是人民"的时代最强音，将科技造福社会、增进人民福祉作为应尽的责任和义务，聚焦环境保护、医疗健康、食品安全、信息安全、社会治理等重大民生问题，以更多先进适用技术和解决方案保障和实现人的全面发展，以科技创新助力脱贫攻坚目标如期实现，把论文写在祖国的大地上[96]。

专栏 5-9　王选：推动汉字信息处理与印刷革命[97]

王选，中国计算机科学家，中国科学院院士、中国工程院院士。他长期致力于汉字的计算机处理研究，是汉字激光照排系统的发明人，为推动汉字信息处理与印刷革命作出了极为重要的贡献，为我国新闻出版的数字化创造了可能性。

20 世纪七八十年代，发达国家已经实现计算机照排技术的应用，印刷速度取得极大进步，而中国印刷业还在使用传统的铅字制版印刷技术，严重影响了图书出版印刷效率。汉字能不能实现数字化，决定了汉字能否在数字化时代留存下来继续使用。有一些学者宣称，"电子计算机将成为方块汉字的掘墓人和汉语拼音文字的助产士"。1974 年，周恩来总理亲自听取立项报告，将研制文字信息处理系统作为国家级重大工程项目立项。王选的研究就是在这样的背景下开展的。

王选将自己的研究工作与民族、国家、时代的需要结合起来，负有深厚

的社会责任感，也因此取得了不朽的成就。他发明的汉字激光照排技术，实现了汉字高效、低成本的印刷，在数字化的时代成功地将汉字保留下来，而没有成为汉语拼音文字。可以说，王选的科学研究工作不仅保障了汉字在数字化印刷时代的继续使用，更保护了依托于汉字的中国传统文化，创造了我国在新时代奋进实现文化自信的基本条件。

专栏 5-10 潜心科研，遵规守范的典型：数学家吴文俊

吴文俊是中国著名数学家，他在拓扑学和数学史方面的研究有很多重要的贡献。他的研究成果对于推动数学科学的发展起到了积极的作用，为后人树立了优秀的学术典范。

1946 年起，吴文俊在导师陈省身的指导下进入拓扑学领域，接受到了名师的指导和点拨。后来，他先到中央研究院学习，又到法国斯特拉斯堡大学留学，在学习过程中，他重视科研诚信，自觉维护学术尊严。

吴文俊

吴文俊坚守学术道德，具备求真务实、严谨自律的学术精神。在法国留学期间，他接触到布尔巴基学派许多原创性的思想和拓扑学领域的前沿问题，后来他根据在这些学习和研究经历中积累的知识和经验，创新地提出了"吴公式"。对"吴公式"的提出历程，吴文俊曾说，"前同一段学习和知识储备的时间是很长的，两个'吴公式'的意义不同，但都经过一个反复的过程"[98]。

在数学史研究方面，他挖掘中国古代数学遗产，重新确立中国古代数学在世界数学史上的地位和作用，根据对中国传统数学的研究和创新，提出了著名的"吴方法"。他还根据中国传统数学史，开拓了数学机械化的崭新领域。

吴文俊在传统学派中开拓创新空间，重视科学道德与学术诚信，具有很强的创新自觉性和主动性，并且能长期坚持，是潜心科研、遵规守范的典型，他的精神值得广大科技工作者学习。

> 搞数学，光发表论文不值得骄傲，应该有自己的东西。不能外国人搞什么就跟着搞什么，应该让外国人跟我们跑。
>
> ——吴文俊

专栏 5-11　科学家钱学森：追求卓越，勇于创新[97]

钱学森是国家杰出贡献科学家，两弹一星功勋奖章获得者，在航天工程、空气动力学、工程控制论等领域作出了重大贡献，是中国科学院院士、中国工程院院士。

钱学森深耕科研，具有较强的创新意识与创新能力，他的技术研发服务于国家战略需求，对我国的国防科技战略作出了卓越贡献。中华人民共和国成立初期，我国的科技发展水平相对落后，国防工业亟待发展。

钱学森在导弹发射现场

钱学森深知国防尖端技术对国家发展的重要性，致力于推动导弹、火箭等大国重器的研发。1956 年 3 月，钱学森担任我国第一个科学技术发展远景规划纲要（1956—1957 年）的综合组组长，主持起草了建立喷气和火箭技术项目的报告书。1965 年 1 月，主持制定了《火箭技术八年（1965—1972）发展规划》。在组建液体导弹研制队伍时，预见性地组织了相关科技人员对固体复合推进剂进行研究，为后来固定火箭发动机、固体对地战略导弹奠

中国第一颗战略导弹

定了基础。

　　钱学森是一位卓越的科学家,他的科学研究对标国际一流,关注核心技术的研发,勇于开拓创新,勤于钻研探索,在专业领域做精做深;他在祖国需要的时候毅然回国,为新中国科学技术创新、国防工业发展作出了重大贡献,是我国科学家的典范。

专栏 5-12　钱七虎：勇担社会责任，服务社会需求

钱七虎，1937 年 10 月 26 日出生于江苏省，在防护工程、军事工程等领域作出了突出贡献，是中国工程院院士，国家最高科学技术奖获得者，2022 年 7 月，获颁"八一勋章"。

师之大者，为国为民。钱七虎在潜心进行科研攻关与技术突破的同时，也十分关心科技服务民生，希望通过科技增进人民福祉、改善民众生活。作为多个国家重大工程的专家组成员，在与民众生活息息相关的港珠澳大桥、雄安新区、南水北调工程、西气东输工程、能源地下储备等方面提出了切实可行的

钱七虎

重大咨询建议。退休后，仍活跃在国家战略防护工程建设前沿，积极为川藏铁路建设、渤海湾海底隧道等重大基础设施建设的相关论证建言献策。同时，钱七虎十分关注人的全面发展，对教育问题与人才培养十分重视。2019 年，他将国家最高科学技术奖 800 万元奖金全部捐助贫困学生，帮助贫困学子圆了

上学梦。数十年来，钱七虎培养的大批优秀人才成为推动国家科技创新与发展的中坚力量[99]。

钱七虎是一名卓越的科技工作者，他不仅深耕科研，而且以人为本，关注人的全面发展和民众生活的改善，勇担社会责任，服务社会需求，是科技工作者的典范。

推荐阅读书目

1. 美国科学工程与公共政策委员会著. 怎样当一名科学家：科学研究中的负责行为. 刘华杰译. 北京：北京理工大学出版社，2004.

2. [以] 约瑟夫·本-戴维著. 科学家在社会中的角色. 赵佳苓译. 成都：四川人民出版社，1988.

3. [以] 约瑟夫·本-戴维著. 科学家在社会中的角色. 刘晓译. 上海：生活·读书·新知三联书店，2020.

4. [德] 费希特著. 论学者的使命、人的使命. 梁志学等译. 北京：商务印书馆，1984.

5. 李正风，张成岗. 中国科学与工程杰出人物案例研究（上下册）. 北京：科学出版社，2014.

6. 联合国教科文组织著. 工程——支持可持续发展. 北京：中央编译出版社，2021.

学风涵养工作室案例

清华大学：校史档案里的传承回响

"上午六点钟早起、洗脸、吃饭、料理本日应作之事、阅报、写日记……"1961年1月的某一天，一位名叫汪鸾翔的清华老先生用工整的毛笔字在稿纸上写下了自己一天的安排。

时间过去了60多年，如果没有人发掘，这张泛黄的旧稿纸也许还躺在档案馆的故纸堆里，"不见天日"。

2020年初，一期名为《老先生和学霸姐妹花的工作计划表》的短片播出，引发社会广泛关注。短片介绍了两组清华大学校史馆展品，一组是2011年清华大学本科生特等奖学金获得者马冬晗、马冬昕姐妹的笔记本和工作计划表，另一组就是前文提到的清华大学校歌歌词作者汪鸾翔先生的这张日程表。两组展品的年代虽然相隔了半个世纪，但是体现出的严谨、勤奋的学风却是一脉相承。这个短片的策划者是承接了中国科协学风建设资助计划项目、正在积极建设"学风涵养工作室"的清华大学校史馆。

在史料中追寻传承

"这期短片呈现的是清华人对学风的传承，借助档案史料和实物展品，学风传承有了载体，不同时代的学人之间仿佛发生了跨越时空的对话。"在接受科技日报记者采访时，清华大学校史馆副馆长卢小兵解读了这期短片背后的"匠心"。

"这期短片是'档案背后的学风故事'系列短片中的一期，该系列共有 5 期短片，主题都是学风的代际传承。例如通过不同年代清华师生的笔记、教案和手迹，展示优良学风在一代又一代清华人身上的传承，潜移默化、润物无声。每个故事都由校史馆的展品引入，例如我们从李政道的一份电磁学试卷入手，讲述'大师之师'叶企孙对学生实验操作的严格要求。从朱自清与梁思成在报纸上的君子之辩，讲述他们对学问严谨审慎的态度。通过挖掘档案史料和实物背后的故事，学风的内涵显得更加真实，更有'触感'。"卢小兵介绍说。

她表示，校史是一座宝库，在浩如烟海的史料档案和展品当中，有许多生动的故事和案例，值得深入挖掘。

用校史为学风破题

"校史和学风有着密切联系，做校史就不可能不讲学风，学风的形成和传承就是校史的一部分。"清华大学档案馆馆长、校史馆馆长范宝龙说。

1985 年，清华大学时任党委书记李传信用"严谨、勤奋、求实、创新"八个字归纳了清华学风的内涵。当年，范宝龙正在清华大学自动化系学习，并开始从事学生工作。他回忆说，这八个字的提出，既是对清华历年来形成的优良学风的总结，也是对时代大潮的回应。范宝龙说：

"改革开放之初,社会上出现经商热,这对大学也有所影响。李传信提出的这八个字是经过深思熟虑的,从20世纪二三十年代的老清华,到新中国成立后的新清华,再到改革开放新时期,严谨始终放在清华学风的第一位。"

范宝龙表示,30多年之后,清华大学已经进入新的百年,中国特色社会主义进入了新时代。在新的时代背景下,如何传承学风也成了新的命题。此外,随着中国科研事业、高等教育事业的急速发展,又出现了学术不端、学风不正等问题,通过校史的宣传教育,弘扬优良学风,具有很强的现实意义。

学风是校史展览中的长期命题

挖掘和发挥历史档案史料的独特价值,是讲好学风故事的前提。范宝龙梳理了近年来清华大学校史馆参与学风建设活动的基础和脉络:从2015年开始,清华大学校史馆和档案馆联合启动了"清华史料和名人档案征集工程",收集校友和校友家人捐赠的史料、档案、文献、实物等,该工程已经连续进行了6年。2019年,清华大学开展"学风建设年"活动,校史馆、档案馆联合教务处、研究生院等部门举办"严谨、勤奋、求实、创新——清华大学优良学风档案史料展",因深受师生欢迎,展期从原定的两三个月延长到一年。在此基础上,校史馆与清华大学电视台合作,策划制作了"档案背后的学风故事"系列短片,成为该校参加中国科协学风建设资助计划项目的重要成果之一。

"属于学风建设资助计划项目的'学风涵养工作室',与校史馆的常态化运转十分契合，这也是我们申报这个项目的初衷。学风是校史展览中的一个长期命题，我们的作品并不只有短片，还有每年推出的多个专题展览，全方位展示清华学风和科学家精神。但视频短片确实是一种很不错的表达和传播形式，让我们能够更贴近受众，向全社会展现和传播清华的优良学风。"范宝龙总结说。

东南大学：一部舞台剧搭起传承报国之志的"桥"

"您觉得什么是工程师？或者说什么样的人才能做工程师？"一位新生代表在看完舞台剧《港珠澳大桥》后，向主演团队发问。

"我认为中国工程师是具有红色精神伟力的匠人，不畏艰苦、敢于攀登科学的高峰。而你们将是这工程精神的下一代传承者。"东南大学交通学院 2020 级学生、舞台剧《港珠澳大桥》林鸣院士扮演者钟汶哲答道。

2021 年 11 月，东南大学 JOIN 艺术团面向全校师生连续 3 天献上讲述校友林鸣院士、刘晓东总工建设港珠澳大桥故事的原创舞台剧《港珠澳大桥》。该剧代表东南大学首次获中国科协学风建设资助计划项目资助，并成功入选《百年珍贵记忆——全国高校庆祝中国共产党成立 100 周年原创精品档案》。

挖掘超级工程中的校友力量

港珠澳大桥是世界上最长的跨海大桥，也是世界桥梁史上的奇迹，"一桥飞虹连三地"加速了粤港澳的人流、车流和物流。

历经 6 年筹备、9 年施工，数万名建设者披荆斩棘，让一条巨龙横卧在伶仃洋上。作为国家的超级工程，港珠澳大桥具有非凡的战略意义，涌现一批"中国标准"的技术创新。

"东南大学正处于服务国家重大战略、服务社会重大需求、服务产业重大关切的机遇期。"东南大学交通学院团委书记罗磊告诉科技日报记者，以国家重大战略为基础，深入挖掘投身重大战略的科学家、工程师所展现的精神品质，是近年来东南大学建设学风校风、培养领军人才的重要做法。

2018 年 10 月，港珠澳大桥建成通车。大桥全线亮灯那天，年过花甲的林鸣院士开启了他的"马拉松"。迎着朝阳，他用双脚丈量着自己付出了 14 年心血的大桥。

"看到港珠澳大桥通车的新闻和林鸣院士的采访视频，我们感到非常骄傲自豪，也从林鸣院士等前辈坚持创新、追求一流的奋斗历程里汲取到了精神力量。"钟汶哲表示，艺术团主创人员在搜索了林鸣院士和港珠澳大桥相关资料后，萌生出将建造港珠澳大桥的故事搬上舞台的想法。

罗磊表示："林鸣院士是东南大学杰出校友的代表，他竭尽毕生所学为国家建设贡献力量，扛起作为路桥人的使命担当，诚守初心、砥砺前行，体现了不怕苦不怕累，勇于创新，胆大心细的开拓精神。新时代交通专业的青年学子希望依托本次舞台剧，传承校友报国之志，引领思想政治价值提升，助力营造创新进取的社会氛围。"

用舞台剧浸润"东大精神"

"不留遗憾，止于至善，建不朽工程！"这句《港珠澳大桥》舞台剧中铿锵有力的台词，和东南大学"诚朴求实、止于至善"的"东大精神"产生了神奇的呼应。

筹划近两年，《港珠澳大桥》的剧本几经删改润色，东南大学交通学院学生艺术团承担起舞台剧《港珠澳大桥》的创作排演工作。他们从校风精神入手，让舞台剧"止于至善"，并通过舞台剧传达自己对于"中国工程师"的理解。

罗磊一路看着这群孩子们成长，"创作团队通过实地调研、文献阅读、纪录片考究等方法，深入了解并挖掘港珠澳大桥修建期间各个重要节点的人物与动人故事，得到交通运输工程领域、艺术舞台剧领域等相关专业人士的支持指导，保障了舞台剧在工程专业知识方面的可靠性和艺术表演方面的感染力。在公演前，团队进行了多次舞台剧联排，打磨精彩片段，加强道具、音效、灯光、服饰、舞台等多方面配合，尽力还原场景，营造沉浸式氛围"。

《港珠澳大桥》舞台剧总导演朱耕辰说："从剧本到舞台再到演员组，我们完全零参考，将自己的想法一点一点搬上舞台。在创作的过程中，我也逐渐体会到了工程师的意义和大国工程的价值，这也是我们希望传达给各位观众的理念，希望每一位演职人员和观众，都能保持一颗赤子之心，保持心中的民族自豪感和使命感。"

"这是我第一次看话剧，感觉很震撼。在焦廷标馆的灯光下，似乎台上的演员们都发着光。十三年呀十三年，人生中有几个十三年。感谢所有演员和导演，也感谢建设祖国的工匠们。"一位东南大学交通学院2021级本科生看完舞台剧感慨道。

该校另一位来自交通学院的2021级本科生表示："通过观看《港珠澳大桥》，让我对中国工程师的责任和使命有了更进一步的思考，以后将更好地为社会作贡献。"

浙江大学：讲好学科故事，传承优良学风

"浙江大学昆虫标本馆的档案柜缓缓打开，数百万件昆虫标本悉数展现在观众眼前，丰富的收藏和精美的制作震撼着每一个观看它的人……"这段视频内容，讲述的是浙江大学植物保护专业的故事，是浙江大学众多学科故事中的一个。

2021年，在中国科协学风建设资助计划项目的支持下，浙江大学团委创作了《我的学科有故事》——浙江大学学科发展史系列视频，首批上线的8个视频涵盖了植物保护、生态学、力学、艺术学等多个学科。

挖掘学科背后的故事

"现在很多同学选择了一个专业，但并不真正了解自己的专业，我们需要帮助他们在更了解所学专业的基础上树立起'专业自信'。"谈起制作该系列视频的初衷时，浙江大学团委副书记梁艳表示，优良学风的养

成，离不开对所学学科的了解与热爱。只有了解学科的发展历史，知晓其深厚的内涵和价值，才有可能扎扎实实地"钻进去"。而讲述学科故事，便是浙江大学在学风建设探索过程中的重要尝试。

在视频《我的学科有故事：扔什么也不能扔了标本》中，浙江大学农学院植物保护专业本科生余丰哲带领观众"走进"了位于浙江大学紫金港校区农学院的昆虫标本馆。该馆目前收藏有科学研究标本130万件、教学标本30万件，其中被认定为国家可移动文物的有近9000件。在余丰哲的讲述下，一件件昆虫标本生动地展现了浙江大学农学院百年来的艰苦奋斗历程。

视频中最令人动容的一段故事发生在1937年9月，抗日战争全面爆发后，时任浙江大学校长的竺可桢决定带领全校师生西迁躲避战火。浙江大学先后在浙江西天目、江西吉安、广西宜山等地办学，最后落脚于贵州遵义，一待就是7年。而在西迁过程中，浙江大学农学院院长、后来的中国科学院院士蔡邦华和广大农学院师生更是一路走，一路采集标本。当抗日战争取得胜利，学校将要搬回杭州时，蔡邦华说："什么行李都能扔，唯独这批宝贵的标本和重要的书籍是一定要带回杭州的。"也正因蔡邦华的悉心保护，农学院师生历时数年在全国各地采集的各类珍贵标本依然保存至今，完好如初。风雨如晦、学脉赓续，如今的浙江大学昆虫标本馆已成为全国昆虫学研究、教学和科普的重要基地。

首批上线8个视频的内容包括：建立起中国近代第一个大学植物园，

为中国植物园事业和园林科学写下新的篇章；经过 4 年多的日夜奋战，制造出浙江第一台计算机"ZD-1"，开启领跑未来之路……通过对这些或生动有趣或感人至深的学科发展历程进行深入挖掘，《我的学科有故事》系列视频将原本艰深晦涩的学科知识，变成了一个个深入浅出的学科故事，不仅促使广大学子主动了解所学学科、热爱所学专业，更促进了优良学风的传承和积淀。

从学生视角出发讲故事

学科历史严肃、厚重，应该以怎样的形式呈现给青年学子？浙江大学团委组建的策划团队经过反复思考后，决定通过视频给同学们"讲故事"。浙江大学团委文宣部部长叶盛珺认为："视频是当下主流的传播形式，呈现的内容比较丰富，呈现效果也更加有趣，能够生动直观地把学科背后的故事讲给同学们。"而在视频长度的安排上，策划团队同样注重了对传播规律的思考。5 分钟左右的视频长度适合学生随手打开浏览，也较为符合青年学生的信息获取习惯，能够产生更好的传播效果。叶盛珺认为："只有让学生喜欢听、愿意听，并且听得进去，做出来的东西才有价值。"

视频受众是全校学子，让全校各专业学生亲身参与其中便显得尤为重要。以学生为主体的策划团队将该系列视频的制作计划向全校发布，广泛征集各学科的故事线索。令叶盛珺没想到的是，计划发布后不久，他们便陆续收到了来自全校 40 余个学科的故事素材。"各学院对这个计划都很有热情，我们第一批先选择了部分素材较为丰富、观赏性高、预期传播效果好的学科故事进行视频制作,希望能够开一个好头。"叶盛珺解释道。

如何将学科背后深厚的历史底蕴与当下最新的前沿成果相结合,讲好学科故事,是策划团队一直在思考的问题。为了能够从学生视角出发,更加贴近青年学子,策划团队决定在视频开头先由一位该专业的在读学生作为讲述人,带领观众进入学科故事中,拉近与学生的距离,增强代入感。出镜参与视频拍摄的艺术与考古学院硕士生白宇璇也表示:"通过参与讲述学科故事,我也亲身感受到了中华历史文化的博大精深和厚重底蕴,也希望能够将其传播给更多学子。"而在每个视频的后半段,还会有一位该学科的资深教师对学科发展历程进行总结回顾,并对学科未来的发展前景进行展望,让观看视频的学生与老师之间"隔空对话"。

中南大学:以科学家为榜样,传承优良学风

"深受感染,灵魂受到了触动""为自己是中南学子感到骄傲自豪"……4月15日,中南大学教授徐靖创作的纪录片《与中南同行》获评中国科协"风启学林"2021年度优秀传播作品,同学们将作品看了一遍又一遍,把科学家的话听了一遍又一遍,并发出如此感叹。

《与中南同行》纪录片的灵感源于中南大学的科学家精神。"徐靖表示,百年来,中南大学涌现一批又一批杰出科学家,成为该校前进的不

竭动力。

纪录片仅是学风建设的一种方式，建校百年来，中南大学秉持"知行合一、经世致用"八字校训，培养了一代又一代人才。夏家辉、周宏灏、钟掘、田红旗……中南大学百年校史上镌刻着一个个熠熠生辉的名字。

经世致用　学风是一所高校的灵魂

作为中国科协学风建设资助计划"中南精神与中南力量：新时代科学家精神传承与发展微记录"项目重要成果，这部纪录片在"风启学林"网站一上线即获得广泛关注，单日浏览量曾居同类纪录片浏览量榜首。

徐靖表示，中南大学老、中、青三代杰出科学家用实际行动展现的科学家精神，是高校学风建设的重要内容。

中国工程院院士、中南大学副校长柴立元教授多年来不断攻克有色金属环境污染"危毒腐"难题。"传统方法主要是用硫化钠将重金属沉淀，并进一步加入石灰进行酸碱中和，这个过程毫无疑问会产生大量的二次危险废弃物。"柴立元说，我校团队在攻克有色金属环境污染方面取得了一系列技术突破，加快了我国有色金属产业的绿色转型和发展。

"中南大学有一个突出特征——崇尚科学，而且这里的院士特别多，我的偶像特别多。"胡彬彬教授是中南大学中国村落文化研究中心主任，他寻访了全国4300多个传统村落，田野考察行程足以绕地球3圈。

吕奔教授是中南大学青年教授，同时还担任着学校医政医管处处长、湘雅医学院副院长。"大三时遇到我的第一个导师，他必邃必专的精神感动了我，哪怕晚上12点他办公室的灯都还是亮的。"吕奔说。

徐靖由衷感到，一位科学家要有所成就、做出一番事业，他一定是有所追求的，这种孜孜不倦对理想信念的追求，必定能够引领高校学风建设。"充分挖掘本校的学风资源，尤其应注重对科学家精神的宣传。"徐靖说。

知行合一　将学风建设贯彻教学全过程

《礼记·中庸》中出现了最早的学风——"博学之，审问之，慎思之，明辨之，笃行之"。徐靖认为，没有优良学风做保障，学术之花不会常开，教学之树难以长青。她经常提及优良学风和严格学术规范对于课程学习和学术研究的重要性。

徐靖说，从学生角度来讲，学风是读书之风，更是做人之风。优良的学风不但能够促进学生高质量完成学业，而且还能促使学生养成终身受益的良好学习习惯。

从老师角度来讲，老师既是学风的践行者和传承者，更是推动学风建设发展的中坚力量。老师最重要的是以身作则，严格要求自己，恪守科研道德和学术规范，潜移默化影响学生。

从学校角度来讲，学风是治学之本、立校之本，学校要在整体层面上打造良好学风氛围，以明确的规章制度激励良好学风形成，以严明的纪律规制和管理科研行为。

优良学风是每一所高校必须且应当具备的"软实力"，具有优良学风更是每一位师生的基本素养。徐靖表示，优良学风至少应包括4个基本要素：勤奋努力、勇于创新、求真务实、严谨治学。

"学风宣传是学风建设的重要环节。"徐靖称，"中南精神与中南力量：新时代科学家精神传承与发展微记录"项目共产出24项宣传成果，涵盖学术规范知识竞赛、动画片、名师访谈等，创作的音视频时长近1700秒、文本3万余字，"做到了宣传形式和路径多元化，努力产出系列组合成果，以争取最大宣传效果"。

北京理工大学：挖掘老科学家留下的学风"宝藏"

在北京理工大学中关村校区图书馆四层，有个鲜为外人所知的"基地"——"老科学家学术成长资料采集工程馆藏基地"，这个"基地"不只具有储藏功能，还是一座展览馆，是由中国科协与北京理工大学共同建设的。

"早在2010年，我们学校就和中国科协签署了合作协议，打造了这个'基地'。"北京理工大学图书馆党总支书记金军回忆说，"基地"已经有10余年历史，是一个集资料存储、展示、研究和教育功能为一体的物理空间。截至2022年，"基地"已经通过文献、实物、数字化材料、音视频材料等方式，入藏了481位科学家和4个科学家团体的资料。

"2019年以来，在我们开展'学风传承项目'时，这个'基地'起到了良好的传承和支撑作用。老科学家留下的这些资料就是我们弘扬学风的'宝藏'。"在展厅里琳琅满目的展品前，金军向科技日报记者介绍说。

把老科学家资料"用活"

"我们设计的活动形式既有展览，还有视频节目等，师生可以通过各种形式参与进来。"北京理工大学副研究馆员韩露指着展厅里正在播放的主题视频，将该校图书馆主持的学风传承行动计划娓娓道来。

学风传承行动的主要方式是展览。展览的构思主要突出了两个主线，一个是党对科学家的引领，另一个是科学家对党的事业的坚定追求。例如，2021年为庆祝中国共产党成立100周年，该校图书馆主办了《党的事业就是我的奋斗方向——科学家入党故事选粹》专题展览，以科学家的入党申请书、入党志愿书、入党故事等为媒介，展现了不同历史时期党对科技事业的坚强领导、对科技工作者的团结引领，以及科学家对党的事业的热切忠诚和对民族振兴的执着追求。

除了展览，该校图书馆还策划了其他两个活动：一是征集"我心中的红色科学家"手绘作品，二是"科学家入党故事"讲述人招募活动。韩露介绍说，这两个活动的宗旨就是为了让师生能够充分参与到学风传承活动中来，近距离接触科学家的入党故事以及相关历史资料。

"我注意到，有的学生为了做好讲解人，还专门查找相关资料，深入了解科学家的故事和背景。这体现了学生对这类活动的热情，也让他们获得了参与感。说不定，在这些青年学生当中，就会走出未来的院士。"金军笑着说。

为了保证师生参与，北京理工大学图书馆和该校各院系单位直接开展合作。例如，组织以艺术类专业为主的知艺书院学生积极参加"我心中的红色科学家"手绘作品大赛，优秀作品不仅可以获奖，还能获得在展览上展示的机会。该校机电学院团委招募了多位"科学家入党故事"讲述人，还积极开展学风主题视频录制，最终推出了6部精品视频，在校内广泛传播。

"我们的展览在中关村校区和良乡校区的图书馆都有开展。今年，我们还在策划新一期展览，把科学家精神、学风主题的传承活动一直延续下去。"韩露说。

把学风活动融入新生教育

北京理工大学良乡校区位于北京市房山区，校区有一座徐特立图书馆。徐特立是著名的革命家和教育家、北京理工大学前身延安自然科学院的院长。徐特立图书馆也是学风主题展览的布设地点之一。

"我们还有一个值得分享的经验，那就是把学风传承活动和新生教育结合起来，让刚刚步入校园的新生获得科学家精神的浸润。"金军说。

北京理工大学高度重视本科新生入校教育，一些新生教育活动在良乡校区的徐特立图书馆开展。

学生参观展览之后，图书馆也收到了一批来自学生的反馈。"其中很亮眼的一点，就是学生们真的记住了很多老科学家的名字和事迹。毛二可、徐更光、黄旭华……有些科学家和我们学校有联系，更多的是来自全国各地、各个学科领域的大学者。学生从入学开始，就能'结识'这些大师，感受他们身上的科学家精神，并将其内化成自己的学风。我们认为这是一种很有效的活动形式。"金军总结说。

上海交通大学：把钱学森精神打造成"金名片"

一谈起钱学森，侯广峰就有说不完的故事。

侯广峰是上海交通大学党委组织部工作人员，已在该校工作多年，是学校钱学森精神传承示范基地的负责人，也是"学风传承行动"的参与者。

"钱老是上海交通大学1934届校友，对我们来说，他不仅是'两弹一星'元勋、一位值得敬重的科学家，也是我们的学长、一个让我们看得见脚步的人。"侯广峰举例说，2011年钱学森诞辰100周年时，经中央批准上海交通大学建成了以钱学森命名的国家级纪念馆、博物馆——"钱学森图书馆"。这座图书馆里收藏了大量与钱学森相关的文献、照片、手稿、实物等，布设了大约3000平方米的展出场地，对校内师生和社会公众开放。

"2011年开馆的钱学森图书馆，已经成为研究钱学森思想和精神的重地，成为学风建设和弘扬科学家精神的高地。上海交通大学'学风传承行动'的一个特色，就是打造了钱学森精神这张'金名片'。"侯广峰说。

演者观者皆受教

10年前，原创话剧《钱学森》在上海交通大学首演，同年即获得中国戏剧奖子奖——校园戏剧奖。话剧全剧由"序幕""国难当头""毕业歌""冯·卡门家的圣诞夜""冲破黎明前的黑暗""难忘的一夜""尾声"等7部分组成。剧情表现了钱学森赴美留学、毅然归国、回国投身国防事业等重要历史事件。《钱学森》也是国内校园"大师剧"的代表作之一。

"虽然这部剧首演是在2012年,但是它在上海交通大学的影响力可没有停留在2012年,这是一部'常演常新'的话剧。"侯广峰解释说,学生剧团和专业剧组不同,每年都有大批学生演职人员毕业,人员更迭不断发生,剧务工作届届相承。除了前台的演员,参与话剧的还有后台的灯光、舞美、服道化工作者等。《钱学森》走过10年,也由此影响了10余届学生。侯广峰用一句话总结这种模式,叫作"演者观者皆受教"。

把钱学森"请进"融媒体

"除了展览、话剧这些比较传统的学风建设形式,上海交通大学是教育部首批教育融媒体建设试点单位,因此在融媒体方面也做了大量的工作。我们围绕钱老的成长经历、学习目标、责任担当、精神追求以及教育思想等,制作了大批相关音视频作品,力求打造一个立体传播体系。在制作作品的时候,我们的基本思路是以教师为主导,学生为主体,最大程度上发挥学生的主观能动性。"

在风启学林网站上,有多个来自上海交通大学的视频作品,例如《传承钱学森精神,探求钱学森之问》《坚守初心,航空救国》,以及《选择交大,就选择了责任》。侯广峰介绍说,为了拉近作品和青年学生的距离,视频内容突出了少年钱学森的形象,并且表现了两代上海交通大学校友之间的"代际对话"。侯广峰认为，这种形式可以赢得学生对钱学森精神的价值认同与情感认同。

"除了视频，我们还有音频节目。"侯广峰告诉科技日报记者，钱学森图书馆教育团队在馆藏文献资料基础上撰写文案，音频由讲解员诵读，专业团队录音制作。

学风建设见人、见物、见精神

"我们学校致力于打造一支学风建设和钱学森精神研究、传承与宣传的骨干队伍。我们把科学家精神和学风建设结合起来，是在'三位一体'的实践当中完成的。"侯广峰解读说，所谓"三位一体"指的是见人、见物、见精神，分别代表挖掘典型案例、开发宣教课程、弘扬科学家精神。

在视频作品《选择交大，就选择了责任》当中，在话剧中扮演钱学森的学生、话剧团团长许左结合视频和口述史讲述了钱学森的学习目标、责任担当和精神追求，为钱学森精神做了阐释。上海交通大学有关部门把钱学森精神相关音视频作品在各个新媒体平台播送，从受众学生当中寻找学风传承行动的参与者。侯广峰表示，有很多学生受钱学森精神影响与感召，自愿申请加入钱学森精神学生宣讲团，为弘扬钱学森精神作出自己力所能及的贡献。

中国地质大学（武汉）：让学风在山野实践中传承

清晨六点半，天已经足够亮，中国地质大学（武汉）资源学院教授李建威和同学们已准备好出发。他们要乘坐2个小时的大巴，前往当天的目的地——茅垭线路，开始一天的野外实践学习。

先是学生动手敲样品、测产状、描述观察内容，随后老师再根据不同小组观察到的内容，进行一一讲解……从清晨到日暮，李建威要和同学们在走走停停、敲敲打打中度过近10个小时。而这只是中国地质大学（武汉）每年都要进行的暑期野外实习中寻常的一天。周口店、北戴河、秭归……在这些野外实习基地，师生们用脚步丈量着祖国的山河，也让严谨扎实的学风在山野间代代相传。

与地质谈一场"热恋"

"虽然几乎一整天都在野外实习，但我们并没有感到特别劳累，对地质研究的热爱使我们精神抖擞。野外实习开阔了我们的眼界，我们第一次在现实中观察到了书本里的地质现象。就让我们与地质谈一场热恋吧！"这是该校资源学院本科生王美洁在参加完第一天的野外实习后写在日记中的一句话。

与地质谈一场"热恋"，这对于以"艰苦"著称的地质专业来说并不容易。风餐露宿、日晒雨淋、待遇低、条件差……这是过去地质专业给许多学子留下的刻板印象。这样的片面认识不仅阻挡了更多学生选择地质专业，也使许多已经选择了地质专业的学生对本专业缺乏热爱和认同感。"很多学生对地质专业的认识还停留在比较浅的层面，这种对专业、职业认知的不足，导致了学生在学习本专业的积极性不高。"中国地质大学（武汉）本科生院常务副院长周建伟说，地质专业的工作环境虽然有一定特殊性，但也有额外优势，"实践性强是地质专业的一大优势，我们就充分利用这个优势，增强学生对地质专业的学习信念和动力"。

地质作为一门理论与实践紧密结合的专业，野外就是它最大的课堂。"我鼓励学生参加野外工作，野外是天然的第一实验室，搞地质研究不到野外，怎么能找到科学的证据？"该校地球科学学院教授童金南每年至少有2个月的时间在野外从事教学工作。为了能够让更多学生感受地质魅力，传承优良学风，中国地质大学（武汉）充分利用该校周口店、北戴河、秭归、巴东等野外实习基地，每年定期组织5000多名学生赴实习基地，由专业教师带队，参加野外地质实习。即使在疫情发生后，这一传统依然得到了最大程度的延续。

正是通过亲自勘探每一片地形，亲手敲击每一块标本，加之教师的耐心讲解，学生对地质专业的魅力有了切身的感受，才会在日记中写下"让我们与地质谈一场'热恋'吧！"

打造理论实践并重的优良学风

扎实的实践本领不仅是教学培养的需要，更是就业时的硬要求。当前，地质行业对人才需求的数量和质量都在大幅提升，到岗即能开展一线工作的毕业生在就业市场上最为"抢手"。"现在地质行业对学生的要求比以前更高，既要具备前沿的理论知识储备，也要有很强的实践操作能力。"在中国地质大学（武汉）副校长王华看来，如何让学生感知这种变化并落到实处？实践仍然是最好的答案。

该校工程学院的本科生孟欣对野外实习的印象格外深刻，一个小小的地质锤让她明白了实践的意义。"锤子谁都会用，但在野外实习时，每次敲击标本我都只能打下一点碎石。'知道'和实际操作完全是两码事，要想成为一名合格的地质工作者，就要从学会用地质锤采标本、用罗盘测产状开始。"

为了进一步满足教学需求、紧跟地质行业发展趋势，2017年开始，中国地质大学（武汉）陆续采购了45台野外教学无人机和75台野外填图掌上机，用于野外实践教学；并针对购置的新设备，定期开展培训，让学生快速掌握满足行业发展需求的专业技能。

正是通过一次次野外实习，学生不仅重温了书本上的基础理论，更掌握了地质锤、罗盘、无人机、填图掌上机等工具的使用，理论实践并重的优良学风也扎根在了学子们的心中，让他们能够在面对未来挑战时底气十足。

2022年暑期即将到来，中国地质大学（武汉）的师生们又将踏上远行的旅途，在山川河谷中锤炼扎实的专业素养，让优良学风在山野间传承不息。

哈尔滨工程大学：开学第一课传承红色基因

"同学们，在你们从小所学的知识中，中国有九百六十多万平方千米的土地，中国的版图像一只雄鸡。但从你们迈入哈尔滨工程大学这一天起，你们要重新认识中国的版图。在哈尔滨工程大学师生的眼中，中国的版图是一支熊熊燃烧的火炬，祖国还有三百万平方千米的蓝色国土等待着我们去保卫和开发，这是我们这所大学几代人坚守的使命与担当。"在开学的第一堂课上，哈尔滨工程大学水声工程学院教授、中国工程院院士杨德森带领新生重新认识中国的版图。

这句话，他每年都要给新生讲一次。这样的爱国入学教育，哈尔滨工程大学坚持了二十余年。

将"哈军工精神"融入专业课

2022年2月28日，新学期开学第一天，杨德森为同学们讲授着开学第一课——《水声学》。"请记住，我们的版图是一支熊熊燃烧的火炬。火炬的托盘和手柄就是中国的海洋版图。"杨德森说。

杨德森用这张特别的地图，在学生心中种下了一颗守卫海疆的"种子"。

"杨院士的课程，传授给我们的是'哈军工精神'。"该校一位学生表示，"作为'军工精神的接班人'，希望自己能传承拼搏奋进、为国奉献的精神，以报效祖国、服务人民为己任，潜心致学，从榜样身上汲取力量，为祖国复兴尽自己的一分力量"。

该校学生工作部学业指导中心负责人刘茜向科技日报记者介绍，哈尔滨工程大学的前身是创建于1953年的中国人民解放军军事工程学院（以下简称哈军工），现为我国"三海一核"（船舶工业、海军装备、海洋开发、核能应用）领域重要的人才培养和科学研究基地，是一所有着"红色基因"、面向"蓝色深海"的大学。近70年来，该校坚持和发扬老一辈革命家倡导培育的"哈军工精神",形成了"以祖国需要为第一需要,以国防需求为第一使命,以人民满意为第一标准"的价值追求,以及"忠诚、坚韧、团结、创新"的校风和"严谨、求实、勤奋、创新"的学风。

刘茜告诉记者:"学校每年为国家工业化、信息化、国防现代化建设输送 2000 余名毕业生。学校不仅希望学生在工作岗位上'能力过硬',同时也希望他们坚定投身祖国建设的理想抱负。每年,学校都会以班级和学院为单位开展专业教育,要求各个学院最优秀的教师(如院士、学科带头人)为学生开设专业导论课,讲述本学科专业的研究领域、意义、发展方向等,帮助学生坚定人生追求。"

让爱国成为人生底色

2020 年 9 月,哈尔滨工程大学迎来了新一届的本科新生。尽管因为疫情,他们较前几届学生来得晚了些,但坐在学校"启航剧场"的他们,脸上仍然挂着无尽的兴奋与憧憬。

在开学典礼上,校长姚郁为他们带来了开学第一课,讲述了在哈军工发生的一个个闪光故事:新中国第一代领导人从朝鲜战场上调回陈赓大将,创建了这个新中国第一所军事技术院校;哈军工收获了我国第一艘试验潜艇、第一部舰载计算机等数十项"共和国第一";建校初期,哈军工有 200 多名将军和院士;在"两弹一星""神舟飞天""蛟龙探海"等重大工程中,都有哈军工校友的身影。

回顾光辉校史,姚郁向新生们提出了期望:"把热爱祖国作为人生的底色。"

"希望你们把自己的理想同祖国的未来，把自己的志向同民族的命运紧紧联系在一起，心怀爱国之情，砥砺爱国之志，实践报国之行，做一个有血有肉有灵魂的中国人。"姚郁说。

"树校风，要在入学就立下好根基。"刘茜表示，校长每年都会在开学第一课上为全校新生讲历史，让新生了解学校在新中国历史上的重要意义以及前辈们的辉煌成绩，鼓励新生传承"红色基因"，从一入学就树立"以祖国需要为第一需要，以国防需求为第一使命"的信念与理想。

参观哈军工纪念馆，也是开学第一课的一部分。"希望你们在大学4年里，经常去纪念馆看一看。"姚郁说。

哈军工纪念馆筹建于2011年5月，2013年8月正式对外免费开放，是一所全面展示哈军工发展历程和其所取得的人才和科研成果的历史陈列馆。

"组织新生去哈军工纪念馆参观是我校爱国主义教育的重要组成部分。通过参观现有近2万件馆藏实物、500余件国家级文物，学生们能够了解哈军工的历史和辉煌成绩，树立远大的人生目标和社会理想，为中华崛起而奋勇向前。"刘茜表示。

以上案例均引自2022年4—6月《科技日报》教育版"学风传承行动"系列报道。

更多学风涵养工作室案例视频，可扫码浏览风启学林网站学风传承专栏：

附 件

附件一 《关于进一步加强科研诚信建设的若干意见》

科研诚信是科技创新的基石。近年来，我国科研诚信建设在工作机制、制度规范、教育引导、监督惩戒等方面取得了显著成效，但整体上仍存在短板和薄弱环节，违背科研诚信要求的行为时有发生。为全面贯彻党的十九大精神，培育和践行社会主义核心价值观，弘扬科学精神，倡导创新文化，加快建设创新型国家，现就进一步加强科研诚信建设、营造诚实守信的良好科研环境提出以下意见。

一、总体要求

（一）指导思想。全面贯彻党的十九大和十九届二中、三中全会精神，以习近平新时代中国特色社会主义思想为指导，落实党中央、国务院关于社会信用体系建设的总体要求，以优化科技创新环境为目标，以推进科研诚信建设制度化为重点，以健全完善科研诚信工作机制为保障，坚持预防与惩治并举，坚持自律与监督并重，坚持无禁区、全覆盖、零容忍，严肃查处违背科研诚信要求的行为，着力打造共建共享共治的科研诚信建设新格局，营造诚实守信、追求真理、崇尚创新、鼓励探索、勇攀高峰的良好氛围，为建设世界科技强国奠定坚实的社会文化基础。

（二）基本原则

——明确责任，协调有序。加强顶层设计、统筹协调，明确科研诚信建设各主体职责，加强部门沟通、协同、联动，形成全社会推进科研诚信建设合力。

——系统推进，重点突破。构建符合科研规律、适应建设世界科技强国要求的科研诚信体系。坚持问题导向，重点在实践养成、调查处理等方面实现突破，在提高诚信意识、优化科研环境等方面取得实效。

——激励创新，宽容失败。充分尊重科学研究灵感瞬间性、方式多样性、路径不确定性的特点，重视科研试错探索的价值，建立鼓励创新、宽容失败的容错纠错机制，形成敢为人先、勇于探索的科研氛围。

——坚守底线，终身追责。综合采取教育引导、合同约定、社会监督等多种方式，营造坚守底线、严格自律的制度环境和社会氛围，让守信者一路绿灯，失信者处处受限。坚持零容忍，强化责任追究，对严重违背科研诚信要求的行为依法依规终身追责。

（三）主要目标。在各方共同努力下，科学规范、激励有效、惩处有力的科研诚信制度规则健全完备，职责清晰、协调有序、监管到位的科研诚信工作机制有效运行，覆盖全面、共享联动、动态管理的科研诚信信息系统建立完善，广大科研人员的诚信意识显著增强，弘扬科学精神、恪守诚信规范成为科技界的共同理念和自觉行动，全社会的诚信基础和创新生态持续巩固发展，为建设创新型国家和世界科技强国奠定坚实基础，为把我国建成富强民主文明和谐美丽的社会主义现代化强国提供重要支撑。

二、完善科研诚信管理工作机制和责任体系

（四）建立健全职责明确、高效协同的科研诚信管理体系。科技部、中国社科院分别负责自然科学领域和哲学社会科学领域科研诚信工作的统筹协调和宏观指导。地方各级政府和相关行业主管部门要积极采取措施加强本地区本系统的科研诚信建设，充实工作力量，强化工作保障。科技计划管理部门要加强科技计划的科研诚信管理，建立健全以诚信为基础的科技计划监管机制，将科研诚信要求融入科技计划管理全过程。教育、卫生健康、新闻出版等部门要明确要求教育、医疗、学术期刊出版等单位完善内控制度，加强科研诚信建设。中国科学院、中国工程院、中国科协要强化对院士的科研诚信要求和监督管理，加强院士推荐（提名）的诚信审核。

（五）从事科研活动及参与科技管理服务的各类机构要切实履行科研诚信建设的主体责任。从事科研活动的各类企业、事业单位、社会组织等是科研诚信建设第一责任主体，要对加强科研诚信建设作出具体安排，将科研诚信工作纳入常态化管理。通过单位章程、员工行为规范、岗位说明书等内部规章制度及聘用合同，对本单位员工遵守科研诚信要求及责任追究作出明确规定或约定。

科研机构、高等学校要通过单位章程或制定学术委员会章程，对学术委员会科研诚信工作任务、职责权限作出明确规定，并在工作经费、办事机构、专职人员等方面提供必要保障。学术委员会要认真履行科研

诚信建设职责，切实发挥审议、评定、受理、调查、监督、咨询等作用，对违背科研诚信要求的行为，发现一起，查处一起。学术委员会要组织开展或委托基层学术组织、第三方机构对本单位科研人员的重要学术论文等科研成果进行全覆盖核查，核查工作应以3—5年为周期持续开展。

科技计划（专项、基金等）项目管理专业机构要严格按照科研诚信要求，加强立项评审、项目管理、验收评估等科技计划全过程和项目承担单位、评审专家等科技计划各类主体的科研诚信管理，对违背科研诚信要求的行为要严肃查处。

从事科技评估、科技咨询、科技成果转化、科技企业孵化和科研经费审计等的科技中介服务机构要严格遵守行业规范，强化诚信管理，自觉接受监督。

（六）学会、协会、研究会等社会团体要发挥自律自净功能。学会、协会、研究会等社会团体要主动发挥作用，在各自领域积极开展科研活动行为规范制定、诚信教育引导、诚信案件调查认定、科研诚信理论研究等工作，实现自我规范、自我管理、自我净化。

（七）从事科研活动和参与科技管理服务的各类人员要坚守底线、严格自律。科研人员要恪守科学道德准则，遵守科研活动规范，践行科研诚信要求，不得抄袭、剽窃他人科研成果或者伪造、篡改研究数据、研究结论；不得购买、代写、代投论文，虚构同行评议专家及评议意见；不得违反论文署名规范，擅自标注或虚假标注获得科技计划（专项、基金等）等资助；不得弄虚作假，骗取科技计划（专项、基金等）项目、科研经费以及奖励、荣誉等；不得有其他违背科研诚信要求的行为。

项目（课题）负责人、研究生导师等要充分发挥言传身教作用，加强对项目（课题）成员、学生的科研诚信管理，对重要论文等科研成果的署名、研究数据真实性、实验可重复性等进行诚信审核和学术把关。院士等杰出高级专家要在科研诚信建设中发挥示范带动作用，做遵守科研道德的模范和表率。

评审专家、咨询专家、评估人员、经费审计人员等要忠于职守，严格遵守科研诚信要求和职业道德，按照有关规定、程序和办法，实事求是，独立、客观、公正开展工作，为科技管理决策提供负责任、高质量的咨询评审意见。科技管理人员要正确履行管理、指导、监督职责，全面落实科研诚信要求。

三、加强科研活动全流程诚信管理

（八）加强科技计划全过程的科研诚信管理。科技计划管理部门要修改完善各级各类科技计划项目管理制度，将科研诚信建设要求落实到项目指南、立项评审、过程管理、结题验收和监督评估等科技计划管理全过程。要在各类科研合同（任务书、协议等）中约定科研诚信义务和违约责任追究条款，加强科研诚信合同管理。完善科技计划监督检查机制，加强对相关责任主体科研诚信履责情况的经常性检查。

（九）全面实施科研诚信承诺制。相关行业主管部门、项目管理专业机构等要在科技计划项目、创新基地、院士增选、科技奖励、重大人才工程等工作中实施科研诚信承诺制度，要求从事推荐（提名）、申报、评审、评估等工作的相关人员签署科研诚信承诺书，明确承诺事项和违背承诺的处理要求。

（十）强化科研诚信审核。科技计划管理部门、项目管理专业机构要对科技计划项目申请人开展科研诚信审核，将具备良好的科研诚信状况作为参与各类科技计划的必备条件。对严重违背科研诚信要求的责任者，实行"一票否决"。相关行业主管部门要将科研诚信审核作为院士增选、科技奖励、职称评定、学位授予等工作的必经程序。

（十一）建立健全学术论文等科研成果管理制度。科技计划管理部门、项目管理专业机构要加强对科技计划成果质量、效益、影响的评估。从事科学研究活动的企业、事业单位、社会组织等应加强科研成果管理，建立学术论文发表诚信承诺制度、科研过程可追溯制度、科研成果检查和报告制度等成果管理制度。学术论文等科研成果存在违背科研诚信要求情形的，应对相应责任人严肃处理并要求其采取撤回论文等措施，消除不良影响。

（十二）着力深化科研评价制度改革。推进项目评审、人才评价、机构评估改革，建立以科技创新质量、贡献、绩效为导向的分类评价制度，将科研诚信状况作为各类评价的重要指标，提倡严谨治学，反对急功近利。坚持分类评价，突出品德、能力、业绩导向，注重标志性成果质量、贡献、影响，推行代表作评价制度，不把论文、专利、荣誉性头衔、承担项目、获奖等情况作为限制性条件，防止简单量化、重数量轻质量、"一刀切"等倾向。尊重科学研究规律，合理设定评价周期，建立重大科学研究长周期考核机制。开展临床医学研究人员评价改革试点，建立设置合理、评价科学、管理规范、运转协调、服务全面的临床医学研究人员考核评价体系。

四、进一步推进科研诚信制度化建设

（十三）完善科研诚信管理制度。科技部、中国社科院要会同相关单位加强科研诚信制度建设，完善教育宣传、诚信案件调查处理、信息采集、分类评价等管理制度。从事科学研究的企业、事业单位、社会组织等应建立健全本单位教育预防、科研活动记录、科研档案保存等各项制度，明晰责任主体，完善内部监督约束机制。

（十四）完善违背科研诚信要求行为的调查处理规则。科技部、中国社科院要会同教育部、国家卫生健康委、中国科学院、中国科协等部门和单位依法依规研究制定统一的调查处理规则，对举报受理、调查程序、职责分工、处理尺度、申诉、实名举报人及被举报人保护等作出明确规定。从事科学研究的企业、事业单位、社会组织等应制定本单位的调查处理办法，明确调查程序、处理规则、处理措施等具体要求。

（十五）建立健全学术期刊管理和预警制度。新闻出版等部门要完善期刊管理制度，采取有效措施，加强高水平学术期刊建设，强化学术水平和社会效益优先要求，提升我国学术期刊影响力，提高学术期刊国际话语权。学术期刊应充分发挥在科研诚信建设中的作用，切实提高审稿质量，加强对学术论文的审核把关。

科技部要建立学术期刊预警机制，支持相关机构发布国内和国际学术期刊预警名单，并实行动态跟踪、及时调整。将罔顾学术质量、管理混乱、商业利益至上，造成恶劣影响的学术期刊，列入黑名单。论文作者所在单位应加强对本单位科研人员发表论文的管理，对在列入预警名单的学术期刊上发表论文的科研人员，要及时警示提醒；对在列入黑名单的学术期刊上发表的论文，在各类评审评价中不予认可，不得报销论文发表的相关费用。

五、切实加强科研诚信的教育和宣传

（十六）加强科研诚信教育。从事科学研究的企业、事业单位、社会组织应将科研诚信工作纳入日常管理，加强对科研人员、教师、青年学生等的科研诚信教育，在入学入职、职称晋升、参与科技计划项目等重要节点必须开展科研诚信教育。对在科研诚信方面存在倾向性、苗头性问题的人员，所在单位应当及时开展科研诚信诫勉谈话，加强教育。

科技计划管理部门、项目管理专业机构以及项目承担单位，应当结合科技计划组织实施的特点，对承担或参与科技计划项目的科研人员有效开展科研诚信教育。

（十七）充分发挥学会、协会、研究会等社会团体的教育培训作用。学会、协会、研究会等社会团体要主动加强科研诚信教育培训工作，帮助科研人员熟悉和掌握科研诚信具体要求，引导科研人员自觉抵制弄虚作假、欺诈剽窃等行为，开展负责任的科学研究。

（十八）加强科研诚信宣传。创新手段，拓宽渠道，充分利用广播电视、报纸杂志等传统媒体及微博、微信、手机客户端等新媒体，加强科研诚信宣传教育。大力宣传科研诚信典范榜样，发挥典型人物示范作用。

及时曝光违背科研诚信要求的典型案例,开展警示教育。

六、严肃查处严重违背科研诚信要求的行为

(十九)切实履行调查处理责任。自然科学论文造假监管由科技部负责,哲学社会科学论文造假监管由中国社科院负责。科技部、中国社科院要明确相关机构负责科研诚信工作,做好受理举报、核查事实、日常监管等工作,建立跨部门联合调查机制,组织开展对科研诚信重大案件联合调查。违背科研诚信要求行为人所在单位是调查处理第一责任主体,应当明确本单位科研诚信机构和监察审计机构等调查处理职责分工,积极主动、公正公平开展调查处理。相关行业主管部门应按照职责权限和隶属关系,加强指导和及时督促,坚持学术、行政两条线,注重发挥学会、协会、研究会等社会团体作用。对从事学术论文买卖、代写代投以及伪造、虚构、篡改研究数据等违法违规活动的中介服务机构,市场监督管理、公安等部门应主动开展调查,严肃惩处。保障相关责任主体申诉权等合法权利,事实认定和处理决定应履行对当事人的告知义务,依法依规及时公布处理结果。科研人员应当积极配合调查,及时提供完整有效的科学研究记录,对拒不配合调查、隐匿销毁研究记录的,要从重处理。对捏造事实、诬告陷害的,要依据有关规定严肃处理;对举报不实、给被举报单位和个人造成严重影响的,要及时澄清、消除影响。

(二十)严厉打击严重违背科研诚信要求的行为。坚持零容忍,保持对严重违背科研诚信要求行为严厉打击的高压态势,严肃责任追究。建立终身追究制度,依法依规对严重违背科研诚信要求行为实行终身追究,

一经发现，随时调查处理。积极开展对严重违背科研诚信要求行为的刑事规制理论研究，推动立法、司法部门适时出台相应刑事制裁措施。

相关行业主管部门或严重违背科研诚信要求责任人所在单位要区分不同情况，对责任人给予科研诚信诫勉谈话；取消项目立项资格，撤销已获资助项目或终止项目合同，追回科研项目经费；撤销获得的奖励、荣誉称号，追回奖金；依法开除学籍，撤销学位、教师资格，收回医师执业证书等；一定期限直至终身取消晋升职务职称、申报科技计划项目、担任评审评估专家、被提名为院士候选人等资格；依法依规解除劳动合同、聘用合同；终身禁止在政府举办的学校、医院、科研机构等从事教学、科研工作等处罚，以及记入科研诚信严重失信行为数据库或列入观察名单等其他处理。严重违背科研诚信要求责任人属于公职人员的，依法依规给予处分；属于党员的，依纪依规给予党纪处分。涉嫌存在诈骗、贪污科研经费等违法犯罪行为的，依法移交监察、司法机关处理。

对包庇、纵容甚至骗取各类财政资助项目或奖励的单位，有关主管部门要给予约谈主要负责人、停拨或核减经费、记入科研诚信严重失信行为数据库、移送司法机关等处理。

（二十一）开展联合惩戒。加强科研诚信信息跨部门跨区域共享共用，依法依规对严重违背科研诚信要求责任人采取联合惩戒措施。推动各级各类科技计划统一处理规则，对相关处理结果互认。将科研诚信状况与学籍管理、学历学位授予、科研项目立项、专业技术职务评聘、岗位聘用、评选表彰、院士增选、人才基地评审等挂钩。推动在行政许可、公共采购、评先创优、金融支持、资质等级评定、纳税信用评价等工作中将科研诚信状况作为重要参考。

七、加快推进科研诚信信息化建设

（二十二）建立完善科研诚信信息系统。科技部会同中国社科院建立完善覆盖全国的自然科学和哲学社会科学科研诚信信息系统，对科研人员、相关机构、组织等的科研诚信状况进行记录。研究拟订科学合理、适用不同类型科研活动和对象特点的科研诚信评价指标、方法模型，明确评价方式、周期、程序等内容。重点对参与科技计划（项目）组织管理或实施、科技统计等科技活动的项目承担人员、咨询评审专家，以及项目管理专业机构、项目承担单位、中介服务机构等相关责任主体开展诚信评价。

（二十三）规范科研诚信信息管理。建立健全科研诚信信息采集、记录、评价、应用等管理制度，明确实施主体、程序、要求。根据不同责任主体的特点，制定面向不同类型科技活动的科研诚信信息目录，明确信息类别和管理流程，规范信息采集的范围、内容、方式和信息应用等。

（二十四）加强科研诚信信息共享应用。逐步推动科研诚信信息系统与全国信用信息共享平台、地方科研诚信信息系统互联互通，分阶段分权限实现信息共享，为实现跨部门跨地区联合惩戒提供支撑。

八、保障措施

（二十五）加强党对科研诚信建设工作的领导。各级党委（党组）要高度重视科研诚信建设，切实加强领导，明确任务，细化分工，扎实推进。有关部门、地方应整合现有科研保障措施，建立科研诚信建设目标责任制，明确任务分工，细化目标责任，明确完成时间。科技部要建立科研诚信建设情况督查和通报制度，对工作取得明显成效的地方、部门和机构进行表彰；对措施不得力、工作不落实的，予以通报批评，督促整改。

（二十六）发挥社会监督和舆论引导作用。充分发挥社会公众、新闻媒体等对科研诚信建设的监督作用。畅通举报渠道，鼓励对违背科研诚信要求的行为进行负责任实名举报。新闻媒体要加强对科研诚信正面引导。对社会舆论广泛关注的科研诚信事件，当事人所在单位和行业主管部门要及时采取措施调查处理，及时公布调查处理结果。

（二十七）加强监测评估。开展科研诚信建设情况动态监测和第三方评估，监测和评估结果作为改进完善相关工作的重要基础以及科研事业单位绩效评价、企业享受政府资助等的重要依据。对重大科研诚信事件及时开展跟踪监测和分析。定期发布中国科研诚信状况报告。

（二十八）积极开展国际交流合作。积极开展与相关国家、国际组织等的交流合作，加强对科技发展带来的科研诚信建设新情况新问题研究，共同完善国际科研规范，有效应对跨国跨地区科研诚信案件。

附件二 《关于进一步弘扬科学家精神加强作风和学风建设的意见》

为激励和引导广大科技工作者追求真理、勇攀高峰，树立科技界广泛认可、共同遵循的价值理念，加快培育促进科技事业健康发展的强大精神动力，在全社会营造尊重科学、尊重人才的良好氛围，现提出如下意见。

一、总体要求

（一）指导思想。以习近平新时代中国特色社会主义思想为指导，全面贯彻党的十九大和十九届二中、三中全会精神，以塑形铸魂科学家精神为抓手，切实加强作风和学风建设，积极营造良好科研生态和舆论氛围，引导广大科技工作者紧密团结在以习近平同志为核心的党中央周围，增强"四个意识"，坚定"四个自信"，做到"两个维护"，在践行社会主义核心价值观中走在前列，争做重大科研成果的创造者、建设科技强国的奉献者、崇高思想品格的践行者、良好社会风尚的引领者，为实现"两个一百年"奋斗目标、实现中华民族伟大复兴的中国梦作出更大贡献。

（二）基本原则。坚持党的领导，提高政治站位，强化政治引领，把党的领导贯穿到科技工作全过程，筑牢科技界共同思想基础。坚持价值引领，把握主基调，唱响主旋律，弘扬家国情怀、担当作风、奉献精神，发挥示范带动作用。坚持改革创新，大胆突破不符合科技创新规律和人才成长规律的制度藩篱，营造良好学术生态，激发全社会创新创造活力。坚持久久为功，汇聚党政部门、群团组织、高校院所、企业和媒体等各方力量，推动作风和学风建设常态化、制度化，为科技工作者潜心科研、拼搏创新提供良好政策保障和舆论环境。

（三）主要目标。力争1年内转变作风改进学风的各项治理措施得到全面实施，3年内取得作风学风实质性改观，科技创新生态不断优化，学术道德建设得到显著加强，新时代科学家精神得到大力弘扬，在全社会形成尊重知识、崇尚创新、尊重人才、热爱科学、献身科学的浓厚氛围，为建设世界科技强国汇聚磅礴力量。

二、自觉践行、大力弘扬新时代科学家精神

（四）大力弘扬胸怀祖国、服务人民的爱国精神。继承和发扬老一代科学家艰苦奋斗、科学报国的优秀品质，弘扬"两弹一星"精神，坚持国家利益和人民利益至上，以支撑服务社会主义现代化强国建设为己任，着力攻克事关国家安全、经济发展、生态保护、民生改善的基础前沿难题和核心关键技术。

（五）大力弘扬勇攀高峰、敢为人先的创新精神。坚定敢为天下先的自信和勇气，面向世界科技前沿，面向国民经济主战场，面向国家重大战略需求，抢占科技竞争和未来发展制高点。敢于提出新理论、开辟新领域、探寻新路径，不畏挫折、敢于试错，在独创独有上下功夫，在解决受制于人的重大瓶颈问题上强化担当作为。

（六）大力弘扬追求真理、严谨治学的求实精神。把热爱科学、探求真理作为毕生追求，始终保持对科学的好奇心。坚持解放思想、独立思辨、理性质疑，大胆假设、认真求证，不迷信学术权威。坚持立德为先、诚信为本，在践行社会主义核心价值观、引领社会良好风尚中率先垂范。

（七）大力弘扬淡泊名利、潜心研究的奉献精神。静心笃志、心无旁

骛、力戒浮躁，甘坐"冷板凳"，肯下"数十年磨一剑"的苦功夫。反对盲目追逐热点，不随意变换研究方向，坚决摒弃拜金主义。从事基础研究，要瞄准世界一流，敢于在世界舞台上与同行对话；从事应用研究，要突出解决实际问题，力争实现关键核心技术自主可控。

（八）大力弘扬集智攻关、团结协作的协同精神。强化跨界融合思维，倡导团队精神，建立协同攻关、跨界协作机制。坚持全球视野，加强国际合作，秉持互利共赢理念，为推动科技进步、构建人类命运共同体贡献中国智慧。

（九）大力弘扬甘为人梯、奖掖后学的育人精神。坚决破除论资排辈的陈旧观念，打破各种利益纽带和裙带关系，善于发现培养青年科技人才，敢于放手、支持其在重大科研任务中"挑大梁"，甘做致力提携后学的"铺路石"和领路人。

三、加强作风和学风建设，营造风清气正的科研环境

（十）崇尚学术民主。鼓励不同学术观点交流碰撞，倡导严肃认真的学术讨论和评论，排除地位影响和利益干扰。开展学术批评要开诚布公，多提建设性意见，反对人身攻击。尊重他人学术话语权，反对门户偏见和"学阀"作风，不得利用行政职务或学术地位压制不同学术观点。鼓励年轻人大胆提出自己的学术观点，积极与学术权威交流对话。

（十一）坚守诚信底线。科研诚信是科技工作者的生命。高等学校、科研机构和企业等要把教育引导和制度约束结合起来，主动发现、严肃查处违背科研诚信要求的行为，并视情节追回责任人所获利益，按程序

记入科研诚信严重失信行为数据库，实行"零容忍"，在晋升使用、表彰奖励、参与项目等方面"一票否决"。科研项目承担者要树立"红线"意识，严格履行科研合同义务，严禁违规将科研任务转包、分包他人，严禁随意降低目标任务和约定要求，严禁以项目实施周期外或不相关成果充抵交差。严守科研伦理规范，守住学术道德底线，按照对科研成果的创造性贡献大小据实署名和排序，反对无实质学术贡献者"挂名"，导师、科研项目负责人不得在成果署名、知识产权归属等方面侵占学生、团队成员的合法权益。对已发布的研究成果中确实存在错误和失误的，责任方要以适当方式予以公开和承认。不参加自己不熟悉领域的咨询评审活动，不在情况不掌握、内容不了解的意见建议上署名签字。压紧压实监督管理责任，有关主管部门和高等学校、科研机构、企业等单位要建立健全科研诚信审核、科研伦理审查等有关制度和信息公开、举报投诉、通报曝光等工作机制。对违反项目申报实施、经费使用、评审评价等规定，违背科研诚信、科研伦理要求的，要敢于揭短亮丑，不迁就、不包庇，严肃查处、公开曝光。

（十二）反对浮夸浮躁、投机取巧。深入科研一线，掌握一手资料，不人为夸大研究基础和学术价值，未经科学验证的现象和观点，不得向公众传播。论文等科研成果发表后1个月内，要将所涉及的实验记录、实验数据等原始数据资料交所在单位统一管理、留存备查。参与国家科技计划（专项、基金等）项目的科研人员要保证有足够时间投入研究工作，承担国家关键领域核心技术攻关任务的团队负责人要全时全职投入攻关任务。科研人员同期主持和主要参与的国家科技计划（专项、基金等）项目（课题）数原则上不得超过2项，高等学校、科研机构领导人员和企业负责人作为项目（课题）负责人同期主持的不得超过1项。每名未退休院士受聘的院士工作站不超过1个、退休院士不超过3个，院士在每个工作站全职工作时间每年不少于3个月。国家人才计划入选者、重大科研项目负责人在聘期内或项目执行期内擅自变更工作单位，造成重大损失、恶劣影响的要按规定承担相应责任。兼职要与本人研究专业相关，杜绝无实质性工作内容的各种兼职和挂名。高等学校、科研机构和企业要加强对本单位科研人员的学术管理，对短期内发表多篇论文、取得多项专利等成果的，要开展实证核验，加强核实核查。科研人员公布突破性科技成果和重大科研进展应当经所在单位同意，推广转化科技成果不得故意夸大技术价值和经济社会效益，不得隐瞒技术风险，要经得起同行评、用户用、市场认。

（十三）反对科研领域"圈子"文化。要以"功成不必在我"的胸襟，打破相互封锁、彼此封闭的门户倾向，防止和反对科研领域的"圈子"文化，破除各种利益纽带和人身依附关系。抵制各种人情评审，在科技项目、奖励、人才计划和院士增选等各种评审活动中不得"打招呼""走关系"，不得投感情票、单位票、利益票，一经发现这类行为，立即取消参评、评审等资格。院士等高层次专家要带头打破壁垒，树立跨界融合思维，在科研实践中多做传帮带，善于发现、培养青年科研人员，在引领社会风气上发挥表率作用。要身体力行、言传身教，积极履行社会责任，主动走近大中小学生，传播爱国奉献的价值理念，开展科普活动，引领更多青少年投身科技事业。

四、加快转变政府职能，构建良好科研生态

（十四）深化科技管理体制机制改革。政府部门要抓战略、抓规划、抓政策、抓服务，树立宏观思维，倡导专业精神，减少对科研活动的微观管理和直接干预，切实把工作重点转到制定政策、创造环境、为科研人员和企业提供优质高效服务上。坚持刀刃向内，深化科研领域政府职能转变和"放管服"改革，建立信任为前提、诚信为底线的科研管理机制，赋予科技领军人才更大的技术路线决策权、经费支配权、资源调动权。优化项目形成和资源配置方式，根据不同科学研究活动的特点建立稳定支持、竞争申报、定向委托等资源配置方式，合理控制项目数量和规模，避免"打包"、"拼盘"、任务发散等问题。建立健全重大科研项目科学决策、民主决策机制，确定重大创新方向要围绕国家战略和重大需求，广泛征求科技界、产业界等意见。对涉及国家安全、重大公共利益或社会公众切身利益的，应充分开展前期论证评估。建立完善分层分级责任担当机制，政府部门要敢于为科研人员的探索失败担当责任。

（十五）正确发挥评价引导作用。改革科技项目申请制度，优化科研项目评审管理机制，让最合适的单位和人员承担科研任务。实行科研机构中长期绩效评价制度，加大对优秀科技工作者和创新团队稳定支持力度，反对盲目追求机构和学科排名。大幅减少评比、评审、评奖，破除唯论文、唯职称、唯学历、唯奖项倾向，不得简单以头衔高低、项目多少、奖励层次等作为前置条件和评价依据，不得以单位名义包装申报项目、奖励、人才"帽子"等。优化整合人才计划，避免相同层次的人才计划对同一人员的重复支持，防止"帽子"满天飞。支持中西部地区稳定人才队伍，发达地区不得片面通过高薪酬高待遇竞价抢挖人才，特别是从中西部地区、东北地区挖人才。

（十六）大力减轻科研人员负担。加快国家科技管理信息系统建设，实现在线申报、信息共享。大力解决表格多、报销繁、牌子乱、"帽子"重复、检查频繁等突出问题。原则上1个年度内对1个项目的现场检查不超过1次。项目管理专业机构要强化合同管理，按照材料只报1次的要求，严格控制报送材料数量、种类、频次，对照合同从实从严开展项目成果考核验收。专业机构和项目专员严禁向评审专家施加倾向性影响，坚决抵制各种形式的"围猎"。高等学校、科研机构和企业等创新主体要切实履行法人主体责任，改进内部科研管理，减少繁文缛节，不层层加码。高等学校、科研机构领导人员和企业负责人在履行勤勉尽责义务、没有牟取非法利益前提下，免除追究其技术创新决策失误责任，对已履行勤勉尽责义务但因技术路线选择失误等导致难以完成预定目标的项目单位和科研人员予以减责或免责。

五、加强宣传，营造尊重人才、尊崇创新的舆论氛围

（十七）大力宣传科学家精神。高度重视"人民科学家"等功勋荣誉表彰奖励获得者的精神宣传，大力表彰科技界的民族英雄和国家脊梁。推动科学家精神进校园、进课堂、进头脑。系统采集、妥善保存科学家

学术成长资料，深入挖掘所蕴含的学术思想、人生积累和精神财富。建设科学家博物馆，探索在国家和地方博物馆中增加反映科技进步的相关展项，依托科技馆、国家重点实验室、重大科技工程纪念馆（遗迹）等设施建设一批科学家精神教育基地。

（十八）创新宣传方式。建立科技界与文艺界定期座谈交流、调研采风机制，引导支持文艺工作者运用影视剧、微视频、小说、诗歌、戏剧、漫画等多种艺术形式，讲好科技工作者科学报国故事。以"时代楷模""最美科技工作者""大国工匠"等宣传项目为抓手，积极选树、广泛宣传基层一线科技工作者和创新团队典型。支持有条件的高等学校和中学编排创作演出反映科学家精神的文艺作品，创新青少年思想政治教育手段。

（十九）加强宣传阵地建设。主流媒体要在黄金时段和版面设立专栏专题，打造科技精品栏目。加强科技宣传队伍建设，开展系统培训，切实提高相关从业人员的科学素养和业务能力。加强网络和新媒体宣传平台建设，创新宣传方式和手段，增强宣传效果、扩大传播范围。

六、保障措施

（二十）强化组织保障。各级党委和政府要切实加强对科技工作的领导，对科技工作者政治上关怀、工作上支持、生活上关心，把弘扬科学家精神、加强作风和学风建设作为践行社会主义核心价值观的重要工作摆上议事日程。各有关部门要转变职能，创新工作模式和方法，加强沟通、密切配合、齐抓共管，细化政策措施，推动落实落地，切实落实好党中央关于为基层减负的部署。科技类社会团体要制定完善本领域科研活动自律公约和职业道德准则，经常性开展职业道德和学风教育，发挥自律自净作用。各类新闻媒体要提高科学素养，宣传报道科研进展和科技成就要向相关机构和人员进行核实，听取专家意见，杜绝盲目夸大或者恶意贬低，反对"标题党"。对宣传报道不实、造成恶劣影响的，相关媒体、涉事单位及责任人员应及时澄清，有关部门应依规依法处理。

中央宣传部、科技部、中国科协、教育部、中国科学院、中国工程院等要会同有关方面分解工作任务，对落实情况加强跟踪督办和总结评估，确保各项举措落到实处。军队可根据本意见，结合实际建立健全相应工作机制。

附件三 《关于在学术论文署名中常见问题或错误的诚信提醒》

恪守科研道德是从事科技工作的基本准则，是履行党和人民所赋予的科技创新使命的基本要求。中国科学院科研道德委员会办公室根据日常科研不端行为举报中发现的突出问题，总结当前学术论文署名中的常见问题和错误，予以提醒，倡导在科研实践中的诚实守信行为，努力营造良好的科研生态。

*提醒一：论文署名不完整或者夹带署名。*应遵循学术惯例和期刊要求，坚持对参与科研实践过程并作出实质性贡献的学者进行署名，反对进行荣誉性、馈赠性和利益交换性署名。

提醒二：论文署名排序不当。按照学术发表惯例或期刊要求，体现作者对论文贡献程度，由论文作者共同确定署名顺序。反对在同行评议后、论文发表前，任意修改署名顺序。部分学科领域不采取以贡献度确定署名排序的，从其规定。

提醒三：第一作者或通讯作者数量过多。应依据作者的实质性贡献进行署名，避免第一作者或通讯作者数量过多，在同行中产生歧义。

提醒四：冒用作者署名。在学者不知情的情况下，冒用其姓名作为署名作者。论文发表前应让每一位作者知情同意，每一位作者应对论文发表具有知情权，并认可论文的基本学术观点。

提醒五：未利用标注等手段，声明应该公开的相关利益冲突问题。应根据国际惯例和相关标准，提供利益冲突的公开声明。如资金资助来源和研究内容是否存在利益关联等。

提醒六：未充分使用志（致）谢方式表现其他参与科研工作人员的贡献，造成知识产权纠纷和科研道德纠纷。

提醒七：未正确署名所属机构。作者机构的署名应为论文工作主要完成机构的名称，反对因作者所属机构变化，而不恰当地使用变更后的机构名称。

提醒八：作者不使用其所属单位的联系方式作为自己的联系方式。不建议使用公众邮箱等社会通讯方式作为作者的联系方式。

提醒九：未引用重要文献。作者应全面系统了解本科研工作的前人工作基础和直接相关的重要文献，并确信对本领域代表性文献没有遗漏。

提醒十：在论文发表后，如果发现文章的缺陷或相关研究过程中有违背科研规范的行为，作者应主动声明更正或要求撤回稿件。

附件四 《科研失信行为调查处理规则》

第一章 总则

第一条 为规范科研失信行为调查处理工作，贯彻中共中央办公厅、国务院办公厅《关于进一步加强科研诚信建设的若干意见》精神，根据《中华人民共和国科学技术进步法》《中华人民共和国高等教育法》等规定，制定本规则。

第二条 本规则所称的科研失信行为是指在科学研究及相关活动中发生的违反科学研究行为准则与规范的行为，包括：

（一）抄袭剽窃、侵占他人研究成果或项目申请书；

（二）编造研究过程、伪造研究成果，买卖实验研究数据，伪造、篡改实验研究数据、图表、结论、检测报告或用户使用报告等；

（三）买卖、代写、代投论文或项目申报验收材料等，虚构同行评议专家及评议意见；

（四）以故意提供虚假信息等弄虚作假的方式或采取请托、贿赂、利益交换等不正当手段获得科研活动审批，获取科技计划（专项、基金等）项目、科研经费、奖励、荣誉、职务职称等；

（五）以弄虚作假方式获得科技伦理审查批准，或伪造、篡改科技伦理审查批准文件等；

（六）无实质学术贡献署名等违反论文、奖励、专利等署名规范的行为；

（七）重复发表，引用与论文内容无关的文献，要求作者非必要地引用特定文献等违反学术出版规范的行为；

（八）其他科研失信行为。

本规则所称抄袭剽窃、伪造、篡改、重复发表等行为按照学术出版规范及相关行业标准认定。

第三条　有关主管部门和高等学校、科研机构、医疗卫生机构、企业、社会组织等单位对科研失信行为不得迁就包庇，任何单位和个人不得阻挠、干扰科研失信行为的调查处理。

第四条　科研失信行为当事人及证人等应积极配合调查，如实说明情况、提供证据，不得伪造、篡改、隐匿、销毁证据材料。

第二章　职责分工

第五条　科技部和中国社科院分别负责统筹自然科学和哲学社会科学领域的科研失信行为调查处理工作。有关科研失信行为引起社会普遍关注或涉及多个部门（单位）的，可组织开展联合调查处理或协调不同部门（单位）分别开展调查处理。

主管部门负责指导和监督本系统的科研失信行为调查处理工作，建立健全重大科研失信事件信息报送机制，并可对本系统发生的科研失信行为独立组织开展调查处理。

第六条　科研失信行为被调查人是自然人的，一般由其被调查时所在单位负责调查处理；没有所在单位的，由其所在地的科技行政部门或哲学社会科学科研诚信建设责任单位负责组织开展调查处理。调查涉及被调查人在其他曾任职或求学单位实施的科研失信行为的，所涉单位应积极配合开展调查处理并将调查处理情况及时送被调查人所在单位。牵头调查单位应根据本规则要求，负责对其他参与调查单位的调查程序、处理尺度等进行审核把关。

被调查人是单位主要负责人或法人、非法人组织的，由其上级主管部门负责组织开展调查处理。没有上级主管部门的，由其所在地的科技行政部门或哲学社会科学科研诚信建设责任单位负责组织开展调查处理。

第七条　财政性资金资助的科技计划（专项、基金等）项目的申报、评审、实施、结题、成果发布等活动中的科研失信行为，由科技计划（专项、基金等）项目管理部门（单位）负责组织调查处理。项目申报推荐单位、项目承担单位、项目参与单位等应按照项目管理部门（单位）的要求，主动开展并积极配合调查，依据职责权限对违规责任人作出处理。

第八条　科技奖励、科技人才申报中的科研失信行为，由科技奖励、科技人才管理部门（单位）负责组织调查，并分别依据管理职责权限作出相应处理。科技奖励、科技人才推荐（提名）单位和申报单位应积极配合并主动开展调查处理。

第九条　论文发表中的科研失信行为，由第一通讯作者的第一署名单位牵头调查处理；没有通讯作者的，由第一作者的第一署名单位牵头调查处理。作者的署名单位与所在单位不一致的，由所在单位牵头调查处理，署名单位应积极配合。论文其他作者所在单位应积极配合牵头调查单位，做好对本单位作者的调查处理，并及时将调查处理情况书面反馈牵头调查单位。

学位论文涉嫌科研失信行为的，由学位授予单位负责调查处理。

发表论文的期刊或出版单位有义务配合开展调查，应主动对论文是否违背科研诚信要求开展调查，并应及时将相关线索和调查结论、处理决定等书面反馈牵头调查单位、作者所在单位。

第十条 负有科研失信行为调查处理职责的相关单位，应明确本单位承担调查处理职责的机构，负责登记、受理、调查、处理、复查等工作。

第三章　调查

第一节　举报和受理

第十一条 举报科研失信行为可通过下列途径进行：

（一）向被举报人所在单位举报；

（二）向被举报人所在单位的上级主管部门或相关管理部门举报；

（三）向科技计划（专项、基金等）项目、科技奖励、科技人才计划等的管理部门（单位）举报；

（四）向发表论文的期刊或出版单位举报；

（五）其他途径。

第十二条 举报科研失信行为应同时满足下列条件：

（一）有明确的举报对象；

（二）举报内容属于本规则第二条规定的范围；

（三）有明确的违规事实；

（四）有客观、明确的证据材料或可查证线索。

鼓励实名举报，不得捏造、歪曲事实，不得诬告、陷害他人。

第十三条 对具有下列情形之一的举报，不予受理：

（一）举报内容不属于本规则第二条规定的范围；

（二）没有明确的证据和可查证线索的；

（三）对同一对象重复举报且无新的证据、线索的；

（四）已经作出生效处理决定且无新的证据、线索的。

第十四条 接到举报的单位应在 15 个工作日内提出是否受理的意见并通知实名举报人，不予受理的应说明情况。符合本规则第十二条规定且属于本单位职责范围的，应予以受理；不属于本单位职责范围的，可转送相关责任单位或告知举报人向相关责任单位举报。

举报人可以对不予受理提出异议并说明理由；异议不成立的，不予受理。

第十五条 下列科研失信行为线索，符合受理条件的，有关单位应主动受理，主管部门应加强督查。

（一）上级机关或有关部门移送的线索；

（二）在日常科研管理活动中或科技计划（专项、基金等）项目、科技奖励、科技人才管理等工作中发现的问题线索；

（三）媒体、期刊或出版单位等披露的线索。

第二节　调查

第十六条　调查应制订调查方案，明确调查内容、人员、方式、进度安排、保障措施、工作纪律等，经单位相关负责人批准后实施。

第十七条　调查应包括行政调查和学术评议。行政调查由单位组织对相关事实情况进行调查，包括对相关原始实验数据、协议、发票等证明材料和研究过程、获利情况等进行核对验证。学术评议由单位委托本单位学术（学位、职称）委员会或根据需要组成专家组，对涉及的学术问题进行评议。专家组应不少于5人，根据需要由相关领域的同行科技专家、管理专家、科研诚信专家、科技伦理专家等组成。

第十八条　调查需要与被调查人、证人等谈话的，参与谈话的调查人员不得少于2人，谈话内容应书面记录，并经谈话人和谈话对象签字确认，在履行告知程序后可录音、录像。

第十九条　调查人员可按规定和程序调阅、摘抄、复印相关资料，现场察看相关实验室、设备等。调阅相关资料应书面记录，由调查人员和资料、设备管理人签字确认，并在调查处理完成后退还管理人。

第二十条　调查中应当听取被调查人的陈述和申辩，对有关事实、理由和证据进行核实。可根据需要要求举报人补充提供材料，必要时可开展重复实验或委托第三方机构独立开展测试、评估或评价，经举报人同意可组织举报人与被调查人就有关学术问题当面质证。严禁以威胁、引诱、欺骗以及其他非法手段收集证据。

第二十一条 调查中发现被调查人的行为可能影响公众健康与安全或导致其他严重后果的，调查人员应立即报告，或按程序移送有关部门处理。

第二十二条 调查中发现第三方中介服务机构涉嫌从事论文及其实验研究数据、科技计划（专项、基金等）项目申报验收材料等的买卖、代写、代投服务的，应及时报请有关主管部门依法依规调查处理。

第二十三条 调查中发现关键信息不充分或暂不具备调查条件的，可经单位相关负责人批准中止调查。中止调查的原因消除后，应及时恢复调查，中止的时间不计入调查时限。

调查期间被调查人死亡的，终止对其调查，但不影响对涉及的其他被调查人的调查。

第二十四条 调查结束应形成调查报告。调查报告应包括线索来源、举报内容、调查组织、调查过程、事实认定及相关当事人确认情况、调查结论、处理意见建议及依据，并附证据材料。调查报告须由全体调查人员签字。一般应在调查报告形成后的15个工作日内将相关调查处理情况书面告知参与调查单位或其他具有处理权限的单位。

需要补充调查的，应根据补充调查情况重新形成调查报告。

第二十五条 科研失信行为的调查处理应自决定受理之日起6个月内完成。

因特别重大复杂在前款规定期限内仍不能完成调查的，经单位负责人批准后可延长调查期限，延长时间一般不超过 6 个月。对上级机关和有关部门移送的，调查延期情况应向移送机关或部门报告。

第四章　处理

第二十六条　被调查人科研失信行为的事实、情节、性质等最终认定后，由具有处理权限的单位按程序对被调查人作出处理决定。

第二十七条　处理决定作出前，应书面告知被调查人拟作出处理决定的事实、依据，并告知其依法享有陈述与申辩的权利。被调查人逾期没有进行陈述或申辩的，视为放弃权利。被调查人作出陈述或申辩的，应充分听取其意见。

第二十八条　处理决定书应载明以下内容：

（一）被处理人的基本情况（包括姓名或名称，身份证件号码或社会信用代码等）；

（二）认定的事实及证据；

（三）处理决定和依据；

（四）救济途径和期限；

（五）其他应载明的内容。

作出处理决定的单位负责向被处理人送达书面处理决定书，并告知实名举报人。有牵头调查单位的，应同时将处理决定书送牵头调查单位。对于上级机关和有关部门移送的，应将处理决定书和调查报告报送移送单位。

第二十九条　处理措施的种类：

（一）科研诚信诫勉谈话；

（二）一定范围内公开通报；

（三）暂停科技计划（专项、基金等）项目等财政性资金支持的科技活动，限期整改；

（四）终止或撤销利用科研失信行为获得的科技计划（专项、基金等）项目等财政性资金支持的科技活动，追回结余资金，追回已拨财政资金；

（五）一定期限禁止承担或参与科技计划（专项、基金等）项目等财政性资金支持的科技活动；

（六）撤销利用科研失信行为获得的相关学术奖励、荣誉等并追回奖金，撤销利用科研失信行为获得的职务职称；

（七）一定期限取消申请或申报科技奖励、科技人才称号和职务职称晋升等资格；

（八）取消已获得的院士等高层次专家称号，学会、协会、研究会等学术团体以及学术、学位委员会等学术工作机构的委员或成员资格；

（九）一定期限取消作为提名或推荐人、被提名或被推荐人、评审专家等资格；

（十）一定期限减招、暂停招收研究生直至取消研究生导师资格；

（十一）暂缓授予学位；

（十二）不授予学位或撤销学位；

（十三）记入科研诚信严重失信行为数据库；

（十四）其他处理。

上述处理措施可合并使用。给予前款第五、七、九、十项处理的，应同时给予前款第十三项处理。被处理人是党员或公职人员的，还应根据《中国共产党纪律处分条例》《中华人民共和国公职人员政务处分法》等规定，由有管辖权的机构给予处理或处分；其他适用组织处理或处分的，由有管辖权的机构依规依纪依法给予处理或处分。构成犯罪的，依法追究刑事责任。

第三十条　对科研失信行为情节轻重的判定应考虑以下因素：

（一）行为偏离科技界公认行为准则的程度；

（二）是否有造假、欺骗，销毁、藏匿证据，干扰、妨碍调查或打击、报复举报人的行为；

（三）行为造成不良影响的程度；

（四）行为是首次发生还是屡次发生；

（五）行为人对调查处理的态度；

（六）其他需要考虑的因素。

第三十一条　有关机构或单位有组织实施科研失信行为，或在调查处理中推诿、包庇，打击报复举报人、证人、调查人员的，主管部门应依据相关法律法规等规定，撤销该机构或单位因此获得的相关利益、荣誉，给予公开通报，暂停拨款或追回结余资金、追回已拨财政资金，禁止一定期限内承担或参与财政性资金支持的科技活动等本规则第二十九条规定的相应处理，并按照有关规定追究其主要负责人、直接负责人的责任。

第三十二条 经调查认定存在科研失信行为的，应视情节轻重给予以下处理：

（一）情节较轻的，给予本规则第二十九条第一项、第三项、第十一项相应处理；

（二）情节较重的，给予本规则第二十九条第二项、第四至第十项、第十二项、第十三项相应处理，其中涉及取消或禁止期限的，期限为3年以内；

（三）情节严重的，给予本规则第二十九条第二项、第四至第十项、第十二项、第十三项相应处理，其中涉及取消或禁止期限的，期限为3至5年；

（四）情节特别严重的，给予本规则第二十九条第二项、第四至第十项、第十二项、第十三项相应处理，其中涉及取消或禁止期限的，期限为5年以上。

存在本规则第二条第一至第五项规定情形之一的，处理不应低于前款第二项规定的尺度。

第三十三条 给予本规则第三十二条第二、三、四项处理的被处理人正在申报财政性资金支持的科技活动或被推荐为相关候选人、被提名人、被推荐人等的，终止其申报资格或被提名、被推荐资格。

第三十四条 有下列情形之一的，可从轻处理：

（一）有证据显示属于过失行为且未造成重大影响的；

（二）过错程度较轻且能积极配合调查的；

（三）在调查处理前主动纠正错误，挽回损失或有效阻止危害结果发生的；

（四）在调查中主动承认错误，并公开承诺严格遵守科研诚信要求、不再实施科研失信行为的。

论文作者在被举报前主动撤稿且未造成较大负面影响的，可从轻或免予处理。

第三十五条 有下列情形之一的，应从重处理：

（一）伪造、篡改、隐匿、销毁证据的；

（二）阻挠他人提供证据，或干扰、妨碍调查核实的；

（三）打击、报复举报人、证人、调查人员的；

（四）存在利益输送或利益交换的；

（五）有组织地实施科研失信行为的；

（六）多次实施科研失信行为或同时存在多种科研失信行为的；

（七）证据确凿、事实清楚而拒不承认错误的。

第三十六条 根据本规则给予被处理人记入科研诚信严重失信行为数据库处理的，处理决定由省级及以下地方相关单位作出的，处理决定作出单位应在决定生效后10个工作日内将处理决定书和调查报告报送上级主管部门和所在地省级科技行政部门。省级科技行政部门应在收到之日起10个工作日内通过科研诚信管理信息系统按规定汇交科研诚信严重失信行为数据信息，并将处理决定书和调查报告报送科技部。

处理决定由国务院部门及其所属（含管理）单位作出的，由该部门在处理决定生效后10个工作日内通过科研诚信管理信息系统按规定汇交科研诚信严重失信行为数据信息，并将处理决定书和调查报告报送科技部。

第三十七条 有关部门和地方依法依规对记入科研诚信严重失信行为数据库的相关被处理人实施联合惩戒。

第三十八条 被处理人科研失信行为涉及科技计划（专项、基金等）项目、科技奖励、科技人才等的，调查处理单位应将处理决定书和调查报告同时报送科技计划（专项、基金等）项目、科技奖励、科技人才管理部门（单位）。科技计划（专项、基金等）项目、科技奖励、科技人才管理部门（单位）应依据经查实的科研失信行为，在职责范围内对被处理人作出处理，并制作处理决定书，送达被处理人及其所在单位。

第三十九条 对经调查未发现存在科研失信行为的，调查单位应及时以适当方式澄清。

对举报人捏造歪曲事实、诬告陷害他人的，举报人所在单位应依据相关规定对举报人严肃处理。

第四十条 处理决定生效后，被处理人如果通过全国性媒体公开作出严格遵守科研诚信要求、不再实施科研失信行为承诺，或对国家和社会作出重大贡献的，作出处理决定的单位可根据被处理人申请对其减轻处理。

第五章 申诉复查

第四十一条 举报人或被处理人对处理决定不服的，可在收到处理决定书之日起 15 个工作日内，按照处理决定书载明的救济途径向作出调查处理决定的单位或部门书面提出申诉，写明理由并提供相关证据或线索。

调查处理单位（部门）应在收到申诉之日起 15 个工作日内作出是否受理决定并告知申诉人，不予受理的应说明情况。

决定受理的，另行组织调查组或委托第三方机构，按照本规则的调查程序开展复查，并向申诉人反馈复查结果。

第四十二条　举报人或被处理人对复查结果不服的，可向调查处理单位的上级主管部门书面提出申诉，申诉必须明确理由并提供充分证据。对国务院部门作出的复查结果不服的，向作出该复查结果的国务院部门书面提出申诉。

上级主管部门应在收到申诉之日起 15 个工作日内作出是否受理决定。仅以对调查处理结果和复查结果不服为由，不能说明其他理由并提供充分证据，或以同一事实和理由提出申诉的，不予受理。决定受理的，应组织复核，复核结果为最终结果。

第四十三条　复查、复核应制作复查、复核意见书，针对申诉人提出的理由给予明确回复。复查、复核原则上均应自受理之日起 90 个工作日内完成。

第六章　保障与监督

第四十四条　参与调查处理工作的人员应秉持客观公正，遵守工作纪律，主动接受监督。要签署保密协议，不得私自留存、隐匿、摘抄、复制或泄露问题线索和调查资料，未经允许不得透露或公开调查处理工作情况。

委托第三方机构开展调查、测试、评估或评价时，应履行保密程序。

第四十五条 调查处理应严格执行回避制度。参与科研失信行为调查处理人员应签署回避声明。被调查人或举报人近亲属、本案证人、利害关系人、有研究合作或师生关系或其他可能影响公正调查处理情形的，不得参与调查处理工作，应主动申请回避。被调查人、举报人有权要求其回避。

第四十六条 调查处理应保护举报人、被举报人、证人等的合法权益，不得泄露相关信息，不得将举报材料转给被举报人或被举报单位等利益相关方。对于调查处理过程中索贿受贿、违反保密和回避制度、泄露信息的，依法依规严肃处理。

第四十七条 高等学校、科研机构、医疗卫生机构、企业、社会组织等是科研失信行为调查处理第一责任主体，应建立健全调查处理工作相关的配套制度，细化受理举报、科研失信行为认定标准、调查处理程序和操作规程等，明确单位科研诚信负责人和内部机构职责分工，保障工作经费，加强对相关人员的培训指导，抓早抓小，并发挥聘用合同（劳动合同）、科研诚信承诺书和研究数据管理政策等在保障调查程序正当性方面的作用。

第四十八条 高等学校、科研机构、医疗卫生机构、企业、社会组织等不履行科研失信行为调查处理职责的，由主管部门责令其改正。拒不改正的，对负有责任的领导人员和直接责任人员依法依规追究责任。

第四十九条　科技部和中国社科院对自然科学和哲学社会科学领域重大科研失信事件应加强信息通报与公开。

科研诚信建设联席会议各成员单位和各地方应加强科研失信行为调查处理的协调配合、结果互认、信息共享和联合惩戒等工作。

第七章　附则

第五十条　本规则下列用语的含义：

（一）买卖实验研究数据，是指未真实开展实验研究，通过向第三方中介服务机构或他人付费获取实验研究数据。委托第三方进行检验、测试、化验获得检验、测试、化验数据，因不具备条件委托第三方按照委托方提供的实验方案进行实验获得原始实验记录和数据，通过合法渠道获取第三方调查统计数据或相关公共数据库数据，不属于买卖实验研究数据。

（二）代投，是指论文提交、评审意见回应等过程不是由论文作者完成而是由第三方中介服务机构或他人代理。

（三）实质学术贡献，是指对研究思路、设计以及分析解释实验研究数据等有重要贡献，起草论文或在重要的知识性内容上对论文进行关键性修改，对将要发表的版本进行最终定稿等。

（四）被调查人所在单位，是指调查时被调查人的劳动人事关系所在单位。被调查人是学生的，调查处理由其学籍所在单位负责。

（五）从轻处理，是指在本规则规定的科研失信行为应受到的处理幅度以内，给予较轻的处理。

（六）从重处理，是指在本规则规定的科研失信行为应受到的处理幅度以内，给予较重的处理。

本规则所称的"以上""以内"不包括本数，所称的"3至5年"包括本数。

第五十一条 各有关部门和单位可依据本规则结合实际情况制定具体细则。

第五十二条 科研失信行为被调查人属于军队管理的，由军队按照其有关规定进行调查处理。

相关主管部门已制定本行业、本领域、本系统科研失信行为调查处理规则且处理尺度不低于本规则的，可按照已有规则开展调查处理。

第五十三条 本规则自发布之日起实施，由科技部和中国社科院负责解释。《科研诚信案件调查处理规则（试行）》（国科发监〔2019〕323号）同时废止。

附件五 《关于科研活动原始记录中常见问题或错误的诚信提醒》

恪守科研道德是从事科技工作的基本准则，是履行党和人民所赋予的科技创新使命的基本要求。中国科学院科研道德委员会办公室根据日常科研不端行为举报中发现的突出问题，总结当前科研活动中原始记录环节的常见问题或错误，予我院科研机构和科技人员以提醒，倡导在科研实践中的诚实守信行为，努力营造良好的科研生态。

提醒一：研究机构未提供统一编号的原始记录介质。应建立完整的科研活动原始记录的生成和管理制度，建立相应的审核监督机制；应配发统一、连续编号的原始记录介质，并逐一收回，确保原始记录的完整性。

提醒二：未按相关要求和规范进行全要素记录。包括但不限于以下要素，均应详细记录：实验日期时间及相关环境、物料或样品及其来源、仪器设备详细信息、实验方法、操作步骤、实验过程、观察到的现象、测定的数据等，确保有足够的要素记录追溯和重现实验过程。

提醒三：将人为处理后的记录作为原始记录保存。原始记录应为实验产生的第一手资料，而非人为计算和处理的数据，确保原始记录忠实反映科学实验的即时状态。

提醒四：以实验完成后补记的方式生成"原始"记录。应在数据产生的第一时间进行记录，确保原始记录不因记录延迟而导致丢失细节、形成误差。

提醒五：人为取舍实验数据生成"原始"记录。应对实验产生的所有数据进行记录。通过完整记录科学实验的成功与失败、正常与异常，确保原始记录反映科学实验的探索过程。

提醒六：随意更正原始记录。更正原始记录应提出明晰具体、可接受的理由，且只能由原始记录者更正，更正后标注并签字。文字等更正只能用单线划去，不得遮盖更正内容，确保原始记录不因更正而失去其原始性。

提醒七：使用荧光笔、热敏纸等不易长时间保存的工具和介质进行原始记录。应使用黑色钢笔或签字笔等工具和便于长期保存的介质，确保原始记录的保存期限符合科学研究的需要。

提醒八：未备份重要科研项目产生的原始数据。应实时或定期备份原始数据，遵守数据备份的相关规定，确保重要的科学数据的安全。

提醒九：人事变动时未进行原始记录交接。研究人员调离工作或学生毕业等，应将实验记录资料、归档资料、文献卡片等全部妥善移交，确保原始记录不丢失或不当转移。

提醒十：使用未按规定及时标定的实验设备生成原始记录。应按照相关要求及时核查、标定仪器设备的精度和相关参数，确保生成的数据准确可靠。

附件六 《国家自然科学基金项目科研不端行为调查处理办法》
（国科金发诚〔2022〕53号）

（2005年3月16日国家自然科学基金委员会监督委员会第二届第三次全体会议审议通过

2020年11月3日国家自然科学基金委员会委务会议修订通过

2022年12月6日国家自然科学基金委员会委务会议修订通过）

第一章 总则

第一条 为了规范国家自然科学基金委员会（以下简称自然科学基

金委）对科研不端行为的调查处理，维护科学基金的公正性和科技工作者的权益，推动科研诚信、学术规范和科研伦理建设，促进科学基金事业的健康发展，根据《中华人民共和国科学技术进步法》《国家自然科学基金条例》《关于进一步加强科研诚信建设的若干意见》《科学技术活动违规行为处理暂行规定》和《科研失信行为调查处理规则》等规定，制定本办法。

第二条 本办法适用于在国家自然科学基金项目（以下简称科学基金项目）的申请、评审、实施、结题和成果发表与应用等活动中发生的科研不端行为的调查处理。

第三条 本办法所称科研不端行为，是指发生在科学基金项目申请、评审、实施、结题和成果发表与应用等活动中，偏离科学共同体行为规范，违背科研诚信和科研伦理行为准则的行为。具体包括：

（一）抄袭、剽窃、侵占；

（二）伪造、篡改；

（三）买卖、代写；

（四）提供虚假信息、隐瞒相关信息以及提供信息不准确；

（五）打探、打招呼、请托、贿赂、利益交换等；

（六）违反科研成果的发表规范、署名规范、引用规范；

（七）违反评审行为规范；

（八）违反科研伦理规范；

（九）其他科研不端行为。

第四条 自然科学基金委监督委员会依照《国家自然科学基金委员会章程》和《国家自然科学基金委员会监督委员会章程》的规定，具体负责受理对科研不端行为的投诉举报，组织开展调查，提出处理建议并且监督处理决定的执行。

第五条 自然科学基金委对监督委员会提出的处理建议进行审查，并作出处理决定。

第六条 科研人员应当遵守学术规范，恪守职业道德，诚实守信，不得在科学技术活动中弄虚作假。

涉嫌科研不端行为接受调查时，应当如实说明有关情况并且提供相关证明材料。

第七条 项目评审专家应当认真履行评审职责，对与科学基金项目相关的通讯评审、会议评审、中期检查、结题审查以及其他评审事项进行公正评审，不得违反相关回避、保密规定或者利用工作便利谋取不正当利益。

第八条 项目依托单位及科研人员所在单位作为本单位科研诚信建设主体责任单位，应建立健全处理科研不端行为的相关工作制度和组织机构，在科研不端行为的预防与调查处理中具体履行以下职责：

（一）宣讲科研不端行为调查处理相关政策与规定；

（二）对本单位人员的科研不端行为，积极主动开展调查；

（三）对自然科学基金委交办的问题线索组织开展相关调查；

（四）依据职责权限对科研不端行为责任人作出处理；

（五）向自然科学基金委报告本单位与科学基金项目相关的科研不端行为及其查处情况；

（六）执行自然科学基金委作出的处理决定；

（七）监督处理决定的执行；

（八）其他与科研诚信相关的职责。

第九条　自然科学基金委在调查处理科研不端行为时应当坚持事实清楚、证据确凿、定性准确、处理恰当、程序合法、手续完备的原则。

第十条　自然科学基金委对科研人员、项目评审专家和项目依托单位实行信用管理，用于相关的评审、实施和管理活动。

第十一条　项目申请人、负责人、参与者、评审专家和依托单位等应积极履行与自然科学基金委签订的相关合同或者承诺，如违反相应义务，自然科学基金委可以依据合同或者承诺对其作出相应处理。

第二章　调查处理程序

第十二条　任何公民、法人或者其他组织均可以向自然科学基金委以书面形式投诉举报科研不端行为，投诉举报应当符合下列要求：

（一）有明确的投诉举报对象；

（二）有可查证的线索或者证据材料；

（三）与科学基金工作相关；

（四）涉及本办法适用的科研不端行为。

第十三条　自然科学基金委鼓励实名投诉举报，并对投诉举报人、被举报人、证人等相关人员的信息予以严格保密，充分保护相关人员的合法权益。

第十四条　自然科学基金委应当对投诉举报材料进行初核。经初核认为投诉举报材料符合本办法第十二条要求的应当作出受理的决定，不符合受理条件的应当作出不予受理的决定，并在接到举报后的十五个工作日内告知实名投诉举报人。

上述决定涉及不予公开或者保密内容的，投诉举报人应予以保密。泄露、扩散或者不当使用相关信息的，应承担相应责任。

第十五条　调查处理过程中，发现投诉举报人有捏造事实、诬告陷害等行为的，自然科学基金委将向其所在单位通报。

第十六条　投诉举报事项属于下列情形的，不予受理：

（一）投诉举报已经依法处理，投诉举报人在无新线索的情况下以同一事实或者理由重复投诉举报的；

（二）已由公安机关、监察机关立案调查或者进入司法程序的；

（三）不符合第十二条要求的；

（四）其他依法不应当受理的情形。

投诉举报中同时含有应当受理和不应当受理的内容，能够作区分处理的，对不应当受理的内容不予受理。

第十七条　对于受理的科研不端行为案件，自然科学基金委应当组织、会同、直接移交或者委托相关部门开展调查。对直接移交或者委托依托单位或者科研不端行为人所在单位调查的，自然科学基金委保留自行调查的权力。

被调查人担任单位主要负责人或者被调查人是法人单位的，自然科学基金委可以直接移交或者委托其上级主管部门开展调查。没有上级主管部门的，自然科学基金委可以直接移交或者委托其所在地的省级科技行政管理部门科研诚信建设责任单位负责组织调查。

涉及项目资金使用的举报，自然科学基金委可以聘请第三方机构对相关资助资金使用情况进行监督和检查，根据监督和检查结论依照本办法处理。

第十八条 对涉嫌科研不端行为的调查，可以采取谈话函询、书面调查、现场调查、依托单位或者科研不端行为人所在单位调查等方式开展。必要时也可以采取邀请专家参与调查、邀请专家或者第三方机构鉴定以及召开听证会等方式开展。

第十九条 自然科学基金委对于依职权发现的涉嫌科研不端行为，应当及时审查并依照相关规定处理。

第二十条 进行书面调查的，应当对投诉举报材料、当事人陈述材料、有关证明材料等进行审查，形成书面调查报告。

第二十一条 进行现场调查的，调查人员不得少于两人，并且应当向当事人或者有关人员出示工作证件或者公函。

当事人或者有关人员应当如实回答询问并协助调查，向调查人员出示原始记录、观察笔记、图像照片或者实验样品等证明材料，不得隐瞒信息或者提供虚假信息。询问或者检查应当制作笔录，当事人和相关人员应当在笔录上签字。

第二十二条 依托单位或者当事人所在单位负责调查的，应当认真开展调查，形成完整的调查报告并加盖单位公章，按时向自然科学基金委报告有关情况。

调查过程中，调查单位应当与当事人面谈，并向自然科学基金委提供以下材料：

（一）调查结果和处理意见；

（二）证明材料；

（三）当事人的陈述材料；

（四）当事人与调查人员双方签字的谈话笔录；

（五）其他相关材料。

第二十三条 调查过程中，调查人员应当充分听取当事人的陈述或者申辩，对当事人提出的事实、理由和证据进行核实。当事人提出的事实、理由或者证据成立的，应当采纳。任何个人和组织不得以不正当手段影响调查工作的进行。

调查中发现当事人的行为可能影响公众健康与安全或者导致其他严重后果的，调查人员应立即报告，或者按程序移送有关部门处理。

第二十四条 科研不端行为案件应自受理之日起六个月内完成调查处理。

对于在前款规定期限内不能完成的重大复杂案件，经自然科学基金委监督委员会主要负责人或者自然科学基金委相关负责人批准后可以延长调查处理期限，延长时间一般不超过六个月。对于上级机关和有关部门移交的案件，调查处理延期情况应向移交机关或者部门报备。

调查中发现关键信息不充分、暂不具备调查条件或者被调查人在调查期间死亡的，经自然科学基金委监督委员会主要负责人或者自然科学基金委相关负责人批准后可以中止或者终止调查。

条件具备时，应及时启动已中止的调查，中止的时间不计入调查时限。对死亡的被调查人中止或终止调查不影响对案件涉及的其他被调查人的调查。

第三章　处理

第二十五条　调查终结后，应当形成调查报告，调查报告应当载明以下事项：

（一）调查的对象和内容；

（二）主要事实、理由和依据；

（三）调查结论和处理建议；

（四）其他需要说明的内容。

第二十六条　自然科学基金委作出处理决定前，应当书面告知当事人拟作出处理决定的事实、理由及依据，并告知当事人依法享有陈述与申辩的权利。

当事人逾期没有进行陈述或者申辩的，视为放弃陈述与申辩的权利。当事人作出陈述或者申辩的，应当充分听取其意见。

第二十七条　调查终结后，自然科学基金委应当对调查结果进行审查，根据不同情况，分别作出以下决定：

（一）确有科研不端行为的，根据事实及情节轻重，作出处理决定；

（二）未发现存在科研不端行为的，予以结案；

（三）涉嫌违纪违法的，移送相关机关处理。

第二十八条 自然科学基金委作出处理决定时应当制作处理决定书。处理决定书应当载明以下事项：

（一）当事人基本情况；

（二）实施科研不端行为的事实和证据；

（三）处理依据和措施；

（四）救济途径和期限；

（五）作出处理决定的单位名称和日期；

（六）其他应当载明的内容。

第二十九条 自然科学基金委作出处理决定后，应及时将处理决定书送达当事人，并将处理结果告知实名投诉举报人。

处理结果涉及不予公开或者保密内容的，投诉举报人应予以保密。泄露、扩散或者不当使用相关信息的，应承担相应责任。

第三十条 对实施科研不端行为的科研人员的处理措施包括：

（一）责令改正；

（二）谈话提醒、批评教育；

（三）警告；

（四）内部通报批评；

（五）通报批评；

（六）暂缓拨付项目资金；

（七）科学基金项目处于申请或者评审过程的，撤销项目申请；

（八）科学基金项目正在实施的，终止原资助项目并追回结余资金；

（九）科学基金项目正在实施或者已经结题的，撤销原资助决定并追回已拨付资金；

（十）取消一定期限内申请或者参与申请科学基金项目资格。

第三十一条　对实施科研不端行为的评审专家的处理措施包括：

（一）责令改正；

（二）谈话提醒、批评教育；

（三）警告；

（四）内部通报批评；

（五）通报批评；

（六）一定期限内直至终身取消评审专家资格。

第三十二条　对实施科研不端行为的依托单位的处理措施包括：

（一）责令改正；

（二）警告；

（三）内部通报批评；

（四）通报批评；

（五）取消一定期限内依托单位资格。

第三十三条　对科研不端行为的处理应当考虑以下因素：

（一）科研不端行为的性质与情节；

（二）科研不端行为的结果与影响程度；

（三）实施科研不端行为的主观恶性程度；

（四）实施科研不端行为的次数；

（五）承认错误与配合调查的态度；

（六）应承担的责任大小；

（七）其他需要考虑的因素。

第三十四条　科研不端行为情节轻微并及时纠正，危害后果较轻的，可以给予谈话提醒、批评教育。

第三十五条　有下列情形之一的，从轻或者减轻处理：

（一）主动消除或者减轻科研不端行为危害后果的；

（二）受他人胁迫实施科研不端行为的；

（三）积极配合调查并且主动承担责任的；

（四）其他从轻或者减轻处理的情形。

第三十六条　有下列情形之一的，从重处理：

（一）伪造、销毁或者藏匿证据的；

（二）阻止他人投诉举报或者提供证据的；

（三）干扰、妨碍调查核实的；

（四）打击、报复投诉举报人的；

（五）多次实施或者同时实施数种科研不端行为的；

（六）造成严重后果或者恶劣影响的；

（七）其他从重处理的情形。

第三十七条　同时涉及数种科研不端行为的，应当合并处理。

第三十八条　二人以上共同实施科研不端行为的，按照各自所起的作用、造成的后果以及应负的责任，分清主要责任、次要责任和同等责任，分别进行处理。无法分清主要责任与次要责任的，视为同等责任一并处理。

第三十九条　负责受理、调查和处理的工作人员应当客观公正，严格遵守相关回避与保密规定。当事人认为前述人员与案件处理有直接利害关系的，有权申请回避。

上述人员与当事人有近亲属关系、同一法人单位关系、师生关系或者合作关系等可能影响公正处理的，应当主动申请回避。自然科学基金委也可以直接作出回避决定。

上述人员未经允许不得披露未公开的有关证明材料、调查处理的过程或者结果等与科研不端行为处理相关的信息，违反保密规定的，依照有关规定处理。

依托单位或者当事人所在单位调查人员可以不受本条第二款中同一法人单位规定的限制。

第四章　处理细则

第四十条　项目申请书或者列入项目申请书的论文等科研成果有抄袭、剽窃、伪造、篡改等行为之一的，根据项目所处状态，视情节轻重可以做出撤销项目申请、终止原资助项目并追回结余资金或者撤销原资助决定并追回已拨付资金的处理。除上述处理措施外，情节较轻的，取消项目申请或者参与申请资格一至三年，给予警告或者内部通报批评；情节较重的，取消项目申请或者参与申请资格三至五年，给予内部通报批评或者通报批评；情节严重的，取消项目申请或者参与申请资格五至七年，给予通报批评。

第四十一条　项目申请过程中有下列行为之一，情节较轻的，给予谈话提醒、批评教育或者警告；情节较重的，终止原资助项目并追回结余资金或者撤销原资助决定并追回已拨付资金，取消项目申请或者参与申请资格一至三年，给予警告或者内部通报批评；情节严重的，终止原资助项目并追回结余资金或者撤销原资助决定并追回已拨付资金，取消项目申请或者参与申请资格三至五年，给予内部通报批评或者通报批评：

（一）代写、委托代写或者买卖项目申请书的；

（二）委托第三方机构修改项目申请书的；

（三）提供虚假信息、隐瞒相关信息以及提供信息不准确的；

（四）冒充他人签名或者伪造参与者姓名的；

（五）擅自将他人列为项目参与人员的；

（六）违规重复申请的；

（七）其他违反项目申请规范的行为。

第四十二条　列入项目申请书的论文等科研成果有下列行为之一，情节较轻的，给予谈话提醒、批评教育或者警告；情节较重的，终止原资助项目并追回结余资金或者撤销原资助决定并追回已拨付资金，取消项目申请或者参与申请资格一至三年，给予警告或者内部通报批评；情节严重的，终止原资助项目并追回结余资金或者撤销原资助决定并追回已拨付资金，取消项目申请或者参与申请资格三至五年，给予内部通报批评或者通报批评：

（一）一稿多发或者重复发表的；

（二）买卖或者代写的；

（三）委托第三方机构投稿的；

（四）虚构同行评议专家及评议意见的；

（五）其他违反论文发表规范、引用规范的行为。

第四十三条 列入项目申请书的论文等科研成果有下列行为之一，情节较轻的，给予谈话提醒、批评教育或者警告；情节较重的，终止原资助项目并追回结余资金或者撤销原资助决定并追回已拨付资金，取消项目申请或者参与申请资格一至三年，给予警告或者内部通报批评；情节严重的，终止原资助项目并追回结余资金或者撤销原资助决定并追回已拨付资金，取消项目申请或者参与申请资格三至五年，给予内部通报批评或者通报批评：

（一）未经同意使用他人署名的；

（二）虚构其他署名作者的；

（三）篡改作者排序和贡献的；

（四）未做出实质性贡献而署名的；

（五）将做出实质性贡献的作者或者单位排除在外的；

（六）擅自标注他人科学基金项目的；

（七）标注虚构的科学基金项目的；

（八）与科学基金项目无关的科研成果标注基金项目的；

（九）其他不当署名或者不当标注的行为。

第四十四条 在与项目相关的评审中有下列行为之一，情节较轻的，给予谈话提醒、批评教育或者警告；情节较重的，终止原资助项目并追回结余资金或者撤销原资助决定并追回已拨付资金，取消项目申请或者参与申请资格一至三年，给予警告或者内部通报批评；情节严重的，终止原资助项目并追回结余资金或者撤销原资助决定并追回已拨付资金，取消项目申请或者参与申请资格三至五年，给予内部通报批评或者通报批评：

（一）请托、游说或者打招呼的；

（二）打探、违规获取相关评审信息的；

（三）利益交换、贿赂评审专家或者自然科学基金委工作人员的；

（四）其他对评审工作的独立、客观、公正造成影响的行为。

第四十五条 在项目实施过程中有下列行为之一的，给予警告，暂缓拨付资金并责令改正；逾期不改正的，终止原资助项目并追回结余资金或者撤销原资助决定并追回已拨付资金；情节较重的，终止原资助项目并追回结余资金或者撤销原资助决定并追回已拨付资金，取消项目申请或者参与申请资格三至五年，给予内部通报批评或者通报批评；情节严重的，终止原资助项目并追回结余资金或者撤销原资助决定并追回已拨付资金，取消项目申请或者参与申请资格五至七年，给予通报批评：

（一）擅自变更研究方向或者降低申报指标的；

（二）不按照规定提交项目结题报告或者研究成果报告等材料的；

（三）提交弄虚作假的报告或者原始记录等材料的；

（四）挪用、滥用或者侵占项目资金的；

（五）违反国家有关科研伦理规定的；

（六）其他不按照规定履行研究职责的。

第四十六条 在项目结题或验收等活动中有本办法第四十条至第四十四条规定的行为之一的，分别依照第四十条至第四十四条的规定进行处理。

第四十七条 标注基金资助的论文等科研成果中有本办法第四十条、第四十二条或者第四十三条规定的行为之一的，分别依照第四十条、第四十二条或者第四十三条的规定进行处理。

第四十八条 科学基金项目处于申请或者评审过程且存在第四十一条至第四十四条规定的行为之一的，撤销项目申请。

对于本办法第三条第九项的情形，参照第四十条至第四十七条进行处理。

对于本办法第四十条至第四十七条所列科研不端行为，情节特别严重的，自然科学基金委可以永久取消其项目申请或者参与申请资格，给予通报批评。

在其他科学技术活动中有抄袭、剽窃他人研究成果或者弄虚作假等行为的，自然科学基金委可以依照本办法相关条款的规定，依据情节轻重，作出相应处理。

第四十九条 因实施本办法规定的科研不端行为而导致负责或者参与的科学基金项目被撤销的，自然科学基金委可以建议行为人所在单位撤销其因为负责或者参与该科学基金项目而获得的相应荣誉以及利益。

第五十条 评审专家有下列行为之一的，取消评审专家资格二至五年，给予警告、内部通报批评或者通报批评并责令改正；情节较重的，取消评审专家资格五至七年，给予内部通报批评或者通报批评并责令改正；情节严重的，不再聘请为评审专家，给予通报批评：

（一）违反保密或者回避规定的；

（二）打击报复、诬陷或者故意损毁申请者名誉的；

（三）由他人代为评审的；

（四）因接受请托等原因而进行不公正评审的；

（五）利用工作便利谋取不正当利益的；

（六）其他违反评审行为规范的行为。

在科学技术活动中存在本办法第四十条至第四十七条规定不端行为的，自然科学基金委可以取消其一定年限评审专家资格，且取消的评审专家资格年限不低于取消的申请资格年限，直至不再聘请为评审专家。

因第四十条至第四十八条情形而受到取消项目申请或者参与申请资格处理的，自然科学基金委依规做出不得参加科学基金项目评审的决定。

第五十一条 因实施本办法规定的科研不端行为受到相应处理的，自然科学基金委可以依据科研不端行为的情节、后果等情形，建议行为人所在单位给予其相应的党纪政务处分。

第五十二条 对于不在自然科学基金委职责管辖范围内的科研不端案件同案违规人员，自然科学基金委可以责成相关依托单位进行处理。

第五十三条 依托单位有下列行为之一的，给予警告或者内部通报批评并责令改正；逾期不改正的，取消依托单位资格一至三年，给予内部通报批评或者通报批评；情节严重的，取消依托单位资格三至五年，给予通报批评：

（一）对项目申请人、负责人或者参与者发生的科研不端行为负有疏于管理责任的；

（二）纵容、包庇或者协助有关人员实施科研不端行为的；

（三）擅自变更项目负责人的；

（四）组织、纵容工作人员实施或参与打探、打招呼、请托、贿赂、利益交换以及违规获取相关评审信息等行为的；

（五）违规挪用、克扣、截留项目资金的；

（六）不履行科学基金项目研究条件保障职责的；

（七）不履行科研伦理或者科技安全的审查职责的；

（八）不配合监督、检查科学基金项目实施的；

（九）不履行科研不端行为的调查处理职责的；

（十）其他不履行科学基金资助管理工作职责的行为。

依托单位实施前款规定的行为的，由自然科学基金委记入信用档案，并视情况抄送其上级主管部门。

第五十四条　对依托单位的相关处理措施，由自然科学基金委执行；对行为人给予的谈话提醒、批评教育等处理措施，由其所在单位执行。

第五十五条　对相关行为人和单位作出取消一定年限有关资格处理的，自然科学基金委将其行为汇交至科研诚信严重失信行为数据库。

对记入科研诚信严重失信行为数据库的行为人和单位，自然科学基金委按照有关工作方案开展联合惩戒。

第五十六条　自然科学基金委根据有关规定适用终止原资助项目并追回结余资金或者撤销原资助决定并追回已拨付资金的处理措施。

第五十七条　自然科学基金委建立问题线索移送机制，对于不在自然科学基金委职责管辖范围的问题线索，移送相关部门或者机构处理。

项目申请人、负责人、参与者、评审专家或者自然科学基金委工作人员（含兼职、兼聘人员和流动编制工作人员）等实施的科研不端行为涉嫌违纪违法的，移送相关纪检监察组织处理。

第五章　申诉与复查

第五十八条　当事人对处理决定不服的，可以在收到处理决定书后十五个工作日内，向自然科学基金委提出书面复查申请。

自然科学基金委应在收到复查申请之日起十五个工作日内作出是否受理的决定。决定不予复查的，应当通知申请人，并告知不予复查的理由；决定复查的，应当自受理之日起九十个工作日内作出复查决定。复查依照本办法规定的调查处理程序进行，复查不影响处理决定的执行。

第五十九条　当事人对复查结果不服的，可以向自然科学基金委的上级主管部门提出书面申诉。

第六章　附则

第六十条　内部通报批评在自然科学基金委内部及行为人相关单位内部公布；通报批评除在上述单位公布以外，还应在自然科学基金委网站公布。

第六十一条　科研不端行为案件中的当事人或者单位属于军队管理的，自然科学基金委可以将案件移交军队相关部门，由军队按照其规定进行调查处理。

第六十二条　本办法由自然科学基金委负责解释。

第六十三条　本办法自2023年1月1日起实施。

推荐阅读

1.《关于加强科技伦理治理的意见》。
2.《2023年全国科学道德和学风建设宣讲教育工作要点》。
3.《关于在生物医学研究中恪守科研伦理的"提醒"》。
4.《关于弘扬新时代科学家精神　做作风和学风建设表率的倡议书》。
5.《人工智能伦理问题建议书》。

可扫二维码阅读全文：

备 注

[1] 老子.道德经［M］.苏南注评.南京：江苏古籍出版社，2001.

[2] 根据中国科协《第二次全国科技工作者状况调查报告》，科技工作者是指在自然科学领域掌握相关专业的系统知识，从事科学技术的研究、传播、推广、应用，以及专门从事科技工作管理的人员。（全国科技工作者状况调查课题组.第二次全国科技工作者状况调查报告［M］.北京：中国科学技术出版社，2010.）

[3] 中国工程院院士杜祥琬认为，科学道德是对人生的理解（人生观）和对科学的理解（科学观）相结合的产物。

[4] 曾参，子思.礼记·中庸［M］.王媛，徐阳鸿译注.广州：广州出版社，2004.

[5] Washburn S L.The Piltdown hoax［J］.American Anthropologist，1953，55（5）：759-762.

[6] National Academies of Sciences, Engineering, and Medicine.Human Genome Editing: Science, Ethics, and Governance［M］.Washington: The National Academies Press，2017.

[7] Lander E S, Baylis F, Zhang F, et al.Adopt a moratorium on heritable

genome editing[J]. Nature, 2019, 567（7747）: 165-168.

[8] 数据来源：艾普蕾（iplagiarism）英文论文相似性检测系统、艾普蕾图形检测系统、RetractionWatch 撤稿库、PubMed、PubPeer 等网络资源。数据量较大，各个数据库随时间变化可能有微小波动。

[9] [美]R K 默顿. 科学社会学：理论与经验研究（上、下册）[M]. 鲁旭东，林聚任译. 北京：商务印书馆，2003.

[10] Lefkowitz R J. The Spirit of Science[J]. Journal of Clinical Investigation, 1988（82）: 375-378.

[11] [法]艾芙·居里. 居里夫人传[M]. 北京：商务印书馆，2014.

[12] 新华社. 习近平：在科学家座谈会上的讲话[EB/OL].（2020-09-11）[2023-09-15]. https://www.gov.cn/xinwen/2020-09/11/content_5542862.htm.

[13] 科学网. 用科学家精神铸就新时代国家脊梁[EB/OL].（2018-04-01）[2023-09-15]. https://news.sciencenet.cn/htmlnews/2018/4/407668.shtm.

[14] 新华社. 中共中央办公厅国务院办公厅印发《关于进一步弘扬科学家精神加强作风和学风建设的意见》[EB/OL].（2019-06-11）[2023-09-15]. https://www.gov.cn/zhengce/2019-06/11/content_5399239.htm.

[15] 白春礼. 新时期更需继承发扬"华罗庚精神"[N]. 科学时报，2010-09-20.

[16] 一生为国铸盾 映照百年风云——追记第七届全国道德模范、"两弹一星"元勋程开甲[EB/OL].（2021-10-18）[2023-09-15]. http://

education.news.cn/2021-10/18/c_1211408861.htm?from=singlemessage.

［17］贾宝余，刘立. 弘扬新时代科学家精神的"十个关系"［J］. 科技中国，2021（10）：83-87.

［18］中国科学报. 科学家是科学精神第一载体［EB/OL］.（2016-06-19）［2023-09-15］. https://news.sciencenet.cn/sbhtmlnews/2019/6/346962.shtm?from=singlemessage.

［19］潜伟. 科学文化、科学精神与科学家精神［J］. 科学学研究，2019，37（1）：1-2.

［20］魏永莲，万劲波. 新时代弘扬科学家精神的若干思考［J］. 科技导报，2022，40（12）：130-136.

［21］钱伟长：国家的需要就是我的专业［EB/OL］.（2022-09-21）［2023-09-15］. https://m.gmw.cn/baijia/2022-09-21/36038453.html.

［22］教育部科学技术委员会学风建设委员会. 教育部高等学校科学技术学术规范指南［M］. 北京：中国人民大学出版社，2010.

［23］学术诚信与学术规范编委会. 学术诚信与学术规范［M］. 天津：天津大学出版社，2011.

［24］中国科学报. 中科院首次在院士大会期间举办学风道德报告会［EB/OL］.（2021-05-30）［2023-09-13］. http://academics.casad.cas.cn/xsjl/7thny/wxdt/202105/t20210530_4562637.html.

［25］王嘉兴. 青年长江学者与她"404"的论文［EB/OL］.（2018-10-24）［2023-09-13］. http://news.cyol.com/yuanchuang/2018-10/24/

content_17715262.htm.

[26] 央视网. 青年长江学者梁莹涉嫌抄袭,是谁纵容她到今天? [EB/OL]. (2018-10-26) [2023-09-13]. https://baijiahao.baidu.com/s?id=1615339496114455105&wfr=spider&for=pc.

[27] 杨鑫宇. "404教授"梁莹被揭穿,然而是谁纵容了她 [EB/OL]. (2018-10-25) [2023-09-13]. http://news.cyol.com/yuanchuang/2018-10/25/content_17722486.htm.

[28] Jennifer Couzin-Frankel. Retract cardiac stem cell papers, Harvard Medical School says [EB/OL]. (2018-10-16) [2023-09-13]. https://www.science.org/content/article/retract-cardiac-stem-cell-papers-harvard-medical-school-says.

[29] 操秀英. 整治"打招呼"顽疾!自然科学基金委明确二十四项禁止行为 [EB/OL]. (2023-05-25) [2023-09-13]. https://baijiahao.baidu.com/s?id=1766853895620660311&wfr=spider&for=pc.

[30] 国家自然科学基金委员会. 国家自然科学基金项目评审请托行为禁止清单 [EB/OL]. (2023-05-24) [2023-09-13]. https://www.nsfc.gov.cn/publish/portal0/tab442/info89394.htm.

[31] 学术诚信与学术规范编委会. 学术诚信与学术规范 [M]. 天津:天津大学出版社, 2011.

[32] 新华网. 被告人李宁、张磊贪污案一审宣判 [EB/OL]. (2021-01-03) [2023-09-13]. https://m.gmw.cn/baijia/2020-01/03/33453563.

html.

[33] Theo Baker. Stanford president resigns over manipulated research, will retract at least three papers[EB/OL].（2023-07-19）[2023-09-13] The Stanford Daily. https://stanforddaily.com/2023/07/19/stanford-president-resigns-over-manipulated-research-will-retract-at-least-3-papers/.

[34] Retraction Watch. Stanford president retracts two Science papers following investigation[EB/OL].（2023-08-31）[2023-09-13］. https://retractionwatch.com/2023/08/31/stanford-president-retracts-two-science-papers-following-investigation/.

[35] 新华社. 国务院办公厅印发《科学数据管理办法》[EB/OL].（2018-04-02）[2023-09-13］. 中华人民共和国中央人民政府网. https://www.gov.cn/xinwen/2018-04/02/content_5279295.htm.

[36] 陈芳, 胡喆. 开掘好大数据资源"富矿"——聚焦我国首个国家层面的科学数据管理办法[EB/OL].（2018-04-08）[2023-09-13］. https://baijiahao.baidu.com/s?id=1597171502009944947&wfr=spider&for=pc.

[37] 刘萱, 李响. 科技伦理的价值取向及其对国际科技合作的重要作用[J]. 科学通报, 2023, 68（13）: 1611-1616.

[38] 中国科学技术信息研究所, 约翰威立国际出版集团. 负责任署名——学术期刊论文作者署名指引[EB/OL].（2022-12-29）[2023-09-13］. https://kxjsc.njupt.edu.cn/_upload/article/files/76/02/2249d18d48d282c

1a66ae4116571/255b818e-985b-4c30-b5e4-c8c6bc5090ec.pdf.

［39］周凯，祁钰. 论文一女十嫁算不算学术不端［EB/OL］.（2009-03-30）［2023-09-13］. http://zqb.cyol.com/content/2009-03-30/content_2601676.htm.

［40］Ustment of Health and Human Services. Integrity and Misconduct in Research: Report of the Commission on Research Integrity［R］. 1995.

［41］科学技术部科研诚信建设办公室. 科研活动诚信指南［M］. 北京：科学技术文献出版社，2009.

［42］世界科学. 黄禹锡事件告诉我们什么？——沪上专家剖析科学造假的成因［J］. 世界科学，2006（2）：2-5.

［43］李志民. 要警惕"黄禹锡事件"在中国发生［EB/OL］.（2017-02-14）［2023-09-13］. https://web.ict.edu.cn/html/lzmwy/redianjujiao1/n20170214_43087.shtml.

［44］中国科学报. 学术新星被曝博士论文大量抄袭，涉及内容达21%［EB/OL］.（2023-04-18）［2023-09-13］. https://baijiahao.baidu.com/s?id=1763510589014045844&wfr=spider&for=pc.

［45］Daniel Garisto. Plagiarism allegations pursue physicist behind stunning superconductivity claims［EB/OL］.（2023-04-13）［2023-09-13］. https://www.science.org/content/article/plagiarism-allegations-pursue-physicist-behind-stunning-superconductivity-claims.

［46］陈怡帆，蓝婧，李雨果. 南开一本科生直博北大被曝论文抄袭 当

事人回应：论文辅导机构干的，保研与此无关[EB/OL].（2022-11-02）[2023-09-13]. https://baijiahao.baidu.com/s?id=1748386711288067150&wfr=spider&for=pc.

[47] 余菁，邬加佳，孙慧兰，等. 科技论文数据造假的核查策略和统计学方法验证[J]. 中国科技期刊研究，2021，32（6）：770.

[48] 新华网. "科研造假"屡禁不止，这些行为将面临重罚[EB/OL].（2020-08-31）[2023-09-13]. https://baijiahao.baidu.com/s?id=1676525295489680801&wfr=spider&for=pc.

[49] 中国科学院. 贝尔实验室造假科学家舍恩被母校褫夺博士学位[EB/OL].（2004-06-14）[2023-09-13]. https://www.cas.cn/xw/kjsm/gjdt/200406/t20040614_1009081.shtml.

[50] 杨扬. 强化科学论文造假控制机制的举措——舍恩事件的反思[J]. 编辑学报，2003（6）：450-452.

[51] 贝尔实验室科学家造假[N]. 新华每日电讯，2002-05-23（006）.

[52] 王阳，张保光. 贝尔实验室与舍恩事件调查——科研机构查处科学不端行为的案例研究[J]. 科学学研究，2014，32（4）：501-507.

[53] 中国科学院. 贝尔实验室论文造假结果查明[EB/OL].（2002-09-27）[2023-09-13]. https://www.cas.cn/xw/kjsm/gjdt/200209/t20020927_1006386.shtml.

[54] 祝叶华. "小保方晴子STAP涉嫌造假"引轰动[J]. 科技导报，2014，32（11）：9.

[55] 张莹. 干细胞研究屡现学术不端学术明星为何连演丑闻大片[N]. 中国青年报, 2014-05-07 (011).

[56] 田妍, 周程. 试论小保方晴子事件中科研道德失范行为的影响[J]. 智库理论与实践, 2017, 2 (6): 45-49.

[57] 蔡立英. 笹井芳树 (1962—2014) [J]. 世界科学, 2014 (10): 63-64.

[58] 日本"学术女神"小保方晴子黯然离开学术界[J]. 世界知识, 2015 (22): 78.

[59] Cyranoski D. Collateral damage: How one misconduct case brought a biology institute to its knees [J]. Nature, 2015 (520): 600-603.

[60] 中华人民共和国中央人民政府. 科技部等二十二部门关于印发《科研失信行为调查处理规则》的通知[EB/OL]. (2022-08-25) [2023-09-13]. https://www.gov.cn/zhengce/zhengceku/2022-09/14/content_5709819.htm.

[61] 中国经济网. 严惩科研失信 扎实推动科技强国建设[EB/OL]. (2022-09-19) [2023-09-13]. https://baijiahao.baidu.com/s?id=1744382830488840430&wfr=spider&for=pc.

[62] 习近平. 在中国科学院第二十次院士大会、中国工程院第十五次院士大会、中国科协第十次全国代表大会上的讲话[EB/OL]. (2021-05-28) [2023-09-15]. http://www.xin huanet.com/2021-05/28/c_1127505377.htm.

[63] 中共中央办公厅、国务院. 关于加强科技伦理治理的意见[EB/OL].

（2022-03-16）[2023-09-15]. https://www.gov.cn/gongbao/content/2022/content_5683838.htm.

[64] Blackshaw B P, Rodger D. Why we should not extend the 14-day rule [J]. Journal of Medical Ethics, 2021, 47(10): 712-714.

[65] Appleby J B, Bredenoord A L. Should the 14-day rule for embryo research become the 28-day rule?[J]. EMBO Molecular Medicine, 2018, 10(9): e9437.

[66] Xue Y, Shang L. Are we ready for the revision of the 14-day rule? Implications from Chinese legislations guiding human embryo and embryoid research [J]. Frontiers in Cell and Developmental Biology, 2022(10): 1016988.

[67] ISSCR. ISSCR guidelines for stem cell research and clinical translation [R]. ISSCR, 2021.

[68] 奥德蕾·阿祖莱. 人工智能伦理的建立 [EB/OL]. [2023-09-15]. https://www.un.org/zh/chronicle/article/20459.

[69] 张风帆. 科技伦理及其社会影响——"科技伦理问题及其对社会的影响"研讨会述要 [J]. 哲学动态, 2002(11): 27-28.

[70] 樊春良, 张新庆. 论科学技术发展的伦理环境 [J]. 科学学研究, 2010, 28(11): 1611-1618.

[71] 仲崇山, 蔡姝雯, 王拓, 等. "基因编辑婴儿"打开了潘多拉魔盒?[N]. 新华日报, 2018-11-28.

[72] Wang C, Zhai X M, Zhang X Q, et al. Gene-edited babies: Chinese Academy of Medical Sciences' response and action [J]. Lancet, 2018.

[73] "黄金大米"试验违规相关责任人被撤职[EB/OL].（2012-12-07.）[2023-09-15]. http://www.xinhuanet.com//politics/201212/07/c_124059529.htm.

[74] 王超,李奇伟."黄金大米":风险时代技术理性的失范与规约[J]. 华南农业大学学报（社会科学版）,2014,13（2）:109-117.

[75] 岳林炜,王慧,郭梓云,等."核污染水排海是一种暴行"[N/OL]. （2023-08-31）[2023-09-15]. DOI:10.28656/n.cnki.nrmrh.2023.002958.

[76] 参见杭州互联网法院（2020）浙0192民初10605号判决书。

[77] 参见广东省深圳前海合作区人民法院（2017）粤0391民初1893号民事判决书；广东省深圳市中级人民法院（2018）粤03民终9212号民事判决书。

[78] Wolpaw J R, Wolpaw E W. 脑机接口原理与实践[M]. 伏云发,等译. 北京：国防工业出版社,2017.

[79] WHO. Ethics and governance of artificial intelligence for health [EB/OL].（2021-12-01）[2023-09-15]. https://www.who.int/publications/i/item/9789240029200.

[80] 隗冰芮,薛鹏,江宇,等. 世界卫生组织《医疗卫生中人工智能的伦理治理》指南及对中国的启示[J]. 中华医学杂志,2022,102（12）:833-837.

[81] 中共中央办公厅，国务院办公厅．关于加强科技伦理治理的意见［EB/OL］．（2022-03-20）［2023-09-15］．https://www.gov.cn/gongbao/content/2022/content_5683838.htm.

[82] 联合国教科文组织．总干事关于制定生物伦理普遍性准则宣言的报道［DB/OL］．［2023-09-15］．https://unesdoc.unesco.org.

[83] 杨斌．加快推进科技伦理教育［EB/OL］．（2022-05-10）［2023-09-15］．https://m.thepaper.cn/baijiahao_18226956.

[84] CITI项目官网［EB/OL］．［2023-09-15］．https://about.citiprogram.org.

[85] 中国计算机协会．中国计算机学会职业伦理与行为守则［EB/OL］．（2023-07-26）［2023-09-06］．https://www.ccf.org.cn/About_CCF/CCF_Constitution/2023-07-26/794450.shtml.

[86] 中国化工学会．中国化工学会工程伦理守则［EB/OL］．［2023-09-06］．http://www.ciesc.cn/c235.

[87] 联合国教科文组织．工程——支持可持续发展［M］．北京：中央编译出版社，2021.

[88] 习近平．高举中国特色社会主义伟大旗帜 为全面建设社会主义现代化国家而团结奋斗——在中国共产党第二十次全国代表大会上的报告［EB/OL］．（2022-10-25）［2023-09-15］．https://www.gov.cn/xinwen/2022-10/25/content_5721685.htm.

[89] 北京协和医学院教务处研究生院．北京协和医学院临床医学专业培养模式改革试点班2022级招收推免生简章［EB/OL］．（2021-

03-29）[2023-09-15]. https://mdadmission.pumc.edu.cn/mdweb/site!webOther?id=1801009.

[90] 北京协和医学院. 协和三宝[EB/OL].[2023-09-15]. https://gkxc.pumc.edu.cn/pumc/#/pumcSanbao.

[91] 清华大学. 清华大学荣获 2022 年高等教育（本科）国家级教学成果特等奖[EB/OL].（2022-07-25）[2023-09-15]. https://www.tsinghua.edu.cn/info/1177/105561.htm.

[92] 中国科学院. 中国科学院关于科学理念的宣言[EB/OL].（2007-08-04）[2023-09-15]. http://www.itp.cas.cn/djykxwh/llxx/dnfg/202011/t20201124_5777786.html.

[93] 科研道德委员会办公室. 中国科学院关于加强科研行为规范建设的意见[EB/OL].（2018-12-19）[2023-09-15]. http://www.jianshen.cas.cn/zgkxykyddwyhbgs/zdgf/202307/t20230705_4926328.html.

[94] 中国科学院. 中共中国科学院党组印发《中共中国科学院党组关于加强科技伦理治理的实施意见（试行）》的通知[EB/OL].（2022-10-22）[2023-09-15]. https://www.cas.cn/glzdyzc/jdsj/kjllzl/202308/t20230808_4960245.shtml.

[95] 中国科学技术大学. 我校召开第一届科技伦理委员会成立大会暨第一次全体会议[EB/OL].（2022-12-22）[2023-09-15]. https://news.ustc.edu.cn/info/1055/81511.htm.

[96] 山西科协. 中国科协发布科技工作者道德行为自律规范，倡导四自觉

四反对［EB/OL］.（2017-07-18）［2023-09-15］. https://mp.weixin.qq.com/s?__biz=MzAwOTU5NDk5Nw==&mid=2652362267&idx=4&sn=76240c0c17f89e33dc781ba0f68e0c33&chksm=80be4701b7c9ce17e31a88b6d85b92b5658c468677c83cd52f36dc64cdc5fc430057e94cae83&scene=27.

[97] 李正风，张成岗. 中国科学与工程杰出人物案例研究（下册）[M]. 北京：科学出版社，2014.

[98] 李正风，张成岗. 中国科学与工程杰出人物案例研究（上册）[M]. 北京：科学出版社，2014.

[99] 兵团文明网. 钱七虎：科技强军、为国铸盾的防护工程专家［EB/OL］.（2022-08-01）［2023-09-15］. http://www.btwmw.net/content/content_1647926.html.

后 记

  为深入学习贯彻习近平新时代中国特色社会主义思想和党的二十大精神，全面落实习近平总书记关于弘扬科学家精神和加强作风学风建设工作重要指示精神，切实加强科学道德和学风建设，积极营造良好科研生态和舆论氛围。自 2011 年开始，中国科协和教育部决定，联合对全国高校及科研单位新入学的研究生进行科学道德和学风建设宣讲教育。2023 年 9 月，中国科协、教育部、中国科学院、中国社会科学院、中国工程院、国家自然科学基金委员会、科技部和国家国防科工局联合下发《2023 年全国科学道德和学风建设宣讲教育工作要点》的通知，确定了工作思路。全国科学道德和学风建设宣讲教育领导小组尽心履行职责，做好顶层设计和科学谋划，以提升宣讲教育总体效能。当前，全国科学道德和学风建设宣讲教育领导小组建立起常态化工作机制，以推进分布式科学道德和学风建设宣讲体系建设；搭建了高水平交流平台，在建强用好宣讲团的同时，支持有条件的地方组建地方宣讲团、特色宣讲团，并鼓励中青年院士专家加入宣讲队伍。此工作思路的目的是持续办好全国科学道德和学风建设宣传报告会等主题活动，开展系好学术生涯"第一粒扣子"专项宣讲。在各类主题活动中，注重青年群体从事科研工作的规范养成,对新入学大学生、研究生和新入职青年科研人员集中开展科学家精神、科研作风学风、科研诚信、科技伦理治理宣讲教育。

为确保宣讲教育的质量和实效,全国科学道德和学风建设宣讲教育领导小组在2011年版的《科学道德和学风建设宣讲参考大纲》(后文简称《大纲》)的基础上,重新编写形成了《科学道德和学风建设读本》(后文简称《读本》),《读本》对《大纲》进行了较大篇幅的重编,增加了"导言""科技伦理与科技伦理治理"和"追求卓越:共同责任与共同行动"等内容,更新了《大纲》中的大部分专栏,同时对《大纲》中的保留题目进行了润色和调整,加入了时代音符。《读本》在中国科协宣传文化部的领导下,在科学学与科技政策学会协调组织下,由清华大学科学技术与社会研究中心团队承担撰写任务。参与《读本》撰写工作的人员有:李正风、邱惠丽、刘瑶瑶、程鹏、汪琛、张祯、李秋甫、王硕、阎妍、罗昊雯、张徐姗、徐超凡、袁宗豪、洪志超。在编写过程中,充分借鉴国内外科学道德和科研诚信教育的有关研究成果及教案,多方征求专家意见。中国科协常委会道德与权益专委会提出了很多建设性的意见,中国科协和教育部的领导同志对《读本》编写给予了明确具体的指导意见,并多次审改。

《读本》由五篇39个专题组成。前四篇以问答方式,集中回答了当前科技工作者普遍关心的科学道德和学风建设、科技伦理治理热点和难点问题。其中包括帮助青年科技工作者正确看待科学道德和学风建设的科研观问题、如何弘扬科学精神与科学家精神的价值观问题、如何在科研活动中遵守科研规范的专业问题、如何在科技活动中识别并治理科技伦理问题。这些问题是从近百个问题中精心筛选出来的，是青年科技工作者在走向学术生涯时必须思考和面对的问题。第五篇从政府、科学共同体、大学与科研机构、科技工作者共四个方面，指出加强科学道德与学风建设、加强科技伦理治理不仅要守住底线，而且要引导科学技术不断走向高质量发展的轨道，追求卓越。不论是守住底线还是追求卓越，都需要诸多参与者的共同责任与共同行动。《读本》还收录了45个案例，用生动的事例补充正文的观点，以帮助读者准确理解和深入思考。

《读本》主要为专家学者开展宣讲提供参考素材，也可作为青年学生学习资料。由于时间紧迫、知识有限，书中难免存在缺点和不足，诚恳希望有关专家和读者多提宝贵意见，以便改进完善。

编 者

2023年10月